事实与似实

数据科学家教你辨虚实

[美] 霍华德·维纳（Howard Wainer） 著
冯曼 胡子杨 译

机 械 工 业 出 版 社

本书力求用丰富的实际案例来介绍数据科学的工具以及它的应用，特别是通过数据来判断事件的真伪，教会读者像数据科学家一样的思考。全书共17章，每章均包含具有不同侧重点的案例分析，用以说明数据科学家如何发现似实，并拒绝似实伤害。本书内容主要分为四部分，前7章为第1部分，描述如何质疑、审查证据，如何收集、分析并处理缺失数据，避免数据操控等。第2部分为第8～11章，讨论数据呈现中的问题并通过创新方法取得研究新发现。第3部分为第12～17章，聚焦教育领域，再次利用证据证明了发现似实谬误之易。第4部分为结论。

本书是数据科学的应用研究成果，可作为数据科学爱好者的科普读物。

导　读

教师终身制是个问题，教师终身制也是种解决方案。用水力压裂法开采石油很安全，但用水力压裂法容易引发地震；孩子们被过度测试，但对孩子们的测试还远远不够。

这些相左的观点在报纸上每天都能读到，除了“感觉正确”以外，通常都没有给出依据。我们该如何辨明真相呢？

要想逃离似实的魔爪，只需问一个简单的问题：“证据是什么？”霍华德·维纳以他一贯的热忱与智慧，向人们展示了数据科学家如何以质疑的态度来揭露似实、无稽之谈以及彻头彻尾的欺骗。他通过因果推断工具评估证据是充分还是缺失，在许多领域论证了诸多观点，尤其在教育领域的贡献更为突出。

本书对于敢挑战权威的人士可谓是必读之作。同时，作者以简明和引人入胜的叙述方式很好地做到了寓教于乐。

霍华德·维纳是美国国家医学考试委员会杰出的科学家，他发表了400余篇学术论文并出版了大量图书（包括撰写了部分图书章节）。本书是他的第21本著作。他的第20本专著《医学启示录：利用证据、可视化和统计思维改善医疗》成功入围英国皇家学会温顿图书奖的评选。

理性的曙光

译 者 序

作为人文学科的教师和科研者，我也常沉醉于其他学科所产生的魅力。其实，生活在技术高速发展的时代，生活在大数据时代，科技对我们的渗透是不知不觉的。不仅是人文工作者，就是普通民众也都在不断接受新知。如作者所言，“要让人类了解我们居住的世界，科学方法必须得到更广泛的应用”。如今，尽管我们已经习惯面对各种数据和数据分析，似乎无数据不成真相，但是毫无证据的论断依然大行其道，而冠以数据之名的许多研究也足以让人眼花缭乱，难辨真假，甚至混淆视听。

作者针对这些似是而非、具有欺骗性的观点，专门造出一个词“Truthiness”进行描述。最初，我将之译作“伪真相”，但似乎仍不足以体现该词在具体语境中的特殊含义，因此模仿作者的造词，也造出“似实”这个词，用于准确传递这些伪真相中极具欺骗性的“似”。而针对充斥我们生活的似实，作者则力图以数据科学家的视角，结合各领域中的数据乱象，告诉我们“无须深奥的数学原理或复杂的方法，就能广泛地应用科学方法”。这本身也算得上是数据科学的应用研究吧！

全书主要分为四大部分。第 1 部分讲述了如何像数据科学家一样，怀着质疑的精神，从审查证据出发，去发现并证实一些观点是否可信；如何收集分析数据才可能达到客观，接近真相；什么样的数据推理能发现和证实可能存在的因果关系。尽管我们熟知用数据说话的方式，但仍然要面对下面的问题：究竟应该收集什么样的数据？怎样收集数据？数据是否可能和必要？我们常常面对的情况是，数据收集或实验本身就存在缺陷，总有数据缺失，甚至还有恶意的人为数据操控。

第2部分讨论了如何利用数据进行沟通。数据虽然要求客观、真实，却并不意味着冰冷，数据背后连接的是人生百态和社会现实，因此，我们在利用数据进行沟通的时候需考虑相应的人文关怀。同时，通过对数据呈现方式的讨论，尤其是高维数据呈现方式的讨论，可以知道数据科学往往能帮助我们获得新的发现。这些数据不同的可视化方式，往往会带来读者和观众认知的不同反应，因而也能影响社会各个层面的决策。

第3部分选取了涉及面广、参与度高的教育领域，其实也是似实的重灾区，讨论了统计思维和数据工具的应用，帮助我们从不同的侧面理解数据能给教育工作带来的不同观测点以及对个人、种群和大众的影响。

第四部分为结论。

翻译的过程以及以往的阅读经验告诉我，在自然科学领域的西方学者中，不乏涉猎多个领域的研究者。他们喜欢旁征博引，将学科中的理论与社会应用结合起来。由于本书作者深耕统计学，他习惯用专业的眼光去洞悉社会万象，同时还不忘打上鲜明的个人烙印，对玩弄数据、欺骗公众的行为报以鄙视和嘲讽，其针砭时弊的批判精神在案例分析的文字中得以充分彰显。在此，译者自勉：这是一位有社会责任感的学者，他力图以最平实的语言解释科学方法，亲近读者，却同时以鲜明的批判者的态度来唤醒民众警惕错误、愚蠢和欺骗。因此，译者提醒自己在翻译时应注意作者这两种截然不同的态度。

对于科学方法的解释，作者尽量直白、详细，甚至提供非专业读者都能认知的信息，比如第6章关于俄克拉荷马州地震与石油开采的观察研究，作者对选择3级或更高级数的地震作为因变量给出解释："我们之所以选择3级地震，是因为这是不需要任何特殊地震检测设备，就能感觉到的地震"。

对于民众因基于似实的错误结论而遭受的痛苦，作者深表同情，同时深感自己有纠正的责任，他写道："在我们采取行动之前，等待这样的研究，并未使布拉格和俄克拉荷马州的民众稍感安慰，2011年11月5日，俄克拉荷马州居民桑德拉（Sandra Ladra）的房子在经历

5.7 级地震（该州有记录以来最高震级）后，烟囱倒塌了，她本人也因此受伤，并被送往医院”。译者希望能传递出作者对科学研究者的呼吁，让真相浮出水面，让民众免遭损失和伤害。

而在批驳政客和滥用数据者时，其犀利的口吻可谓毫不留情：“他参与了专家们无休止的讨论，而这些所谓专家仅凭其家族门第和资历，就能让任何有智慧的人承认其言论的可信度”。他显然相信自己的观点会为国家赢得声誉，而不会沦为深夜档新闻广播或电视节目的笑柄。这让我想起了伏尔泰的祷告词：“亲爱的上帝，让我的敌人变得可笑吧!”他知道政客们可以忍受一切，唯独不能忍受被当作笑柄。

这些都让我们感受到了科学的温度以及对科学方法的期待。而译者也为能传递这样的声音感到高兴。

作者横跨多个领域，既涉及石油开采与地质、又讨论棒球明星与体育赛事；既有基因检测与医学实验，又有金融理财；既涉及政客的争论，又涵括普通人的研究探寻；而科学研究方法则在其中起着重要的指导作用。于这样频繁的场景切换之中，译者深刻感受到了科技的力量，借助信息技术和互联网，在短时间内高效地搜寻相关领域的语料与专业信息，使得译文能尽量准确传递不同行业中的专业表述。当然，这中间还有一个反复求证的过程，所幸译者身在高校，优势是不难在朋友的引荐下向各个学科方向的老师请教。比如基因检测中涉及的专有名词，就曾请教过访学时认识的生物医学方向的武老师。这里，译者非常清楚地知晓：虽然技术给我们提供了极大的便利，给我们了解各行各业的机会，但如果缺乏敏感的问题意识，缺乏深入求证的精神和不断学习的态度，仅从语言本身去理解并翻译专业表述是远远不够的。因此，新时代的译者应以精益求精的职业态度加强知识资源的整合和自身的知识管理，这样才能不断在新的领域进行探寻。

作为高校教师，出于职业本能，曾将本书的部分章节作为教学任务布置给我所在学校的部分翻译专业的硕士生，让他们能有一些实训的机会。相信他们在翻译之后，都会明白一个道理：作为人文学科专业存在的翻译专业，应该打破专业的局限性，探寻与各个专业接轨之路，才能为不同领域的国际交流做出贡献。而这一切应基于：翻译，态度为先，乃至精益求精；译者，学习为上，才达广博与专攻。

最后，感谢编辑老师的大力支持以及程晓亮老师对专业内容翻译的审核。

冯曼

2024年6月1日

前言与致谢

回顾20世纪，世界经历了翻天覆地的变化，但鲜能让我感到惊讶，其中就有人们对我的专业——统计学（不确定性科学）的态度转变。我这大半辈子听到最普遍的对统计学的形容就是“无聊”。我教授了50多年的统计学课程，然而时至今日学生们修读这门课的原因依然是因为“统计学是必修课”。不过，统计学沉闷的名声也会给我带来些小庆幸。比如，我在飞机上沉迷阅读时，每当有邻座问我：“您是做什么的?”，我总是回答：“我是搞统计学的”，这样就能确信对话多半会戛然而止，而我则可以安心读书了！实际上，几十年前，当大家日益认识到统计学家是现代信息时代的科学通才时，专业研究者的态度就已经开始发生转变。普林斯顿大学的约翰·图基（John Tukey）早期从数学研究转到统计学研究，他曾说过这样一句让人印象深刻的话：“作为统计学家，我可以在每个学科的后院溜达”。

统计学最初起源于赌场里不见光地应用概率论，但之后作为一门学科却在人口统计学、农学和社会科学领域中大放异彩，然而，这还仅仅是个开始。**量子理论的兴起表明，即使是物理学——这门最具确定性的学科，也需要了解不确定性。**随着“循证医学”成为专有名词，医学也加入这一行列。结合了民意调查的预测模型让我们可以早早睡下，毫无悬念地预测选举结果。随着“量化分析专家”加入投资团队，经济和金融领域都发生了巨大改变，他们的成功清楚地表明投资计划的设计如果忽视了背后的数据统计，无疑是自投风险罗网。

这些广泛的胜利并没有引起公众注意，直到内特·希尔弗（Nate Silver）现身，并不可思议地准确预测了体育赛事的结果。他的成功为他收获了一大批忠实的粉丝，专门听取他对美国总统选举结果的早期预测。尽管名嘴和专家们会凭借他们多年的经验和根深蒂固的所谓信仰侃侃而谈，但真正关心此事的人，则会去希尔弗创立的预设新闻网站（www. fivethirtyeight. com），通过数据去了解未加粉饰的真相。

内特·希尔弗成名后，我的生活就变得不一样了。现在，当我表明统计学家的身份后，人们的回应就变成了“真的？那真酷！”。从此我闲适的长途航空旅行就不复存在了。

尽管人们对统计学态度的转变令我惊讶，但更让我感到难以置信的是，**还有很多人竟如此抗拒采用证据作为判断和决策的主要依据。**我总结了三个可能的原因：

1. 对概率统计这种关于不确定性科学的方法和应用缺乏认知；
2. 事实与所希望的事实之间存在冲突；
3. 思维过度混乱，无法将众多证据点连接起来，无法清晰地描绘出可能的结果。

第一个原因是我写这本书的主要动机之一。另一个动机则来自于我自身对统计学的热爱，以及我迫切与大家分享统计学之美的心情。

第二个原因来自厄普顿·辛克莱（Upton Sinclair）的观察“如果一个人的薪水关联其无法获悉的真相，那么要让他弄明白真相是不可能的”。我们都看到了来自产煤州的参议员是如何反对净化空气法规的；美国步枪协会如何罔顾所有事实（见第11章），颠倒黑白，坚持鼓吹枪支数量的增加会降低凶杀率；沿海房地产商如何坚称，全球变暖引发海平面上升只是一个危言耸听的谣言罢了。

第三个原因是我最近新加上去的。如果仅仅用原因2就能解释我所观察到的行为，原因3就没有存在的必要了。但是，接下来发生的事情使我下定决心不得不加上这一条。2015年2月6日，星期四，参议员吉姆·英霍夫（Jim Inhofe，一位俄克拉荷马州的共和党人，参议院环境与公共工程委员会主席）带来一个雪球放到参议院会议室的地板上，以此佐证人们对于全球变暖的反应实属过激，并且2014年最高温的记录也是无稽之谈。我们该如何解释这位参议员的行为呢？这或许能归咎于原因1，但作为一名参议员，他参与了专家们无休止的讨论，而这些所谓专家仅凭其家族门第和资历，就能让任何拥有智慧的人承认其可信度。也可能是因为原因2，比如，假设他的主要拥护者都来自石油工业领域，如果政府严肃地对待此类燃料对全球变暖的影响，那么石油工业的未来肯定不容乐观。我注意到美国俄克拉荷马州的五位亿万富翁中有三位（哈罗德·哈姆、乔治·凯瑟、林恩·斯库斯特曼）都是石油和天然气公司的大亨，那么吉姆·英霍夫不遗余力地维护他们的经济利益就不足为奇了。他之所以能被归为原因3是因为，他显然相信自己的观点会为国家赢得声誉，而不会沦为深夜档新闻广播或电视节目的笑柄。这让我想起了伏尔泰的祷告词："亲爱的上帝，让我的敌人变得可笑吧！"，他知道政客们可以忍受一切，唯独不能忍受把他们当作笑柄。吉姆·英霍夫故意将自己置于这样的境地，这表明他已经将自己的行为归为我所提到的原因3了。

有这种想法的议员当然不止吉姆·英霍夫一人，以下三位参议员可能也这么想，他们分别是：现任州长萨姆·布朗贝克（Sam Brownback，堪萨斯州的共和党人）、前任州长迈克·哈克比（Mike Huckabee，阿肯色州的共和党人）和众议员汤姆·坦克勒多（Tom Tancredo，科罗拉多州的共和党人）。这三位在2007年的总统辩论中均表示对进化论缺乏信心。当然，可能有类似想法的议员并不在少数。

任何说法，无论多么清晰明了，多么令人信服，都不可能直接减少原因2和原因3的出现，对此我深有体会。但是我希望可以通过提高普通民众的统计素养来给予一些间接的帮助。能够识破假象、不被蛊惑的人越多，那些虚假信息的负面影响就会越弱。尽管这样，我始终不认为那些似实的信奉者会有所改变。我寄希望于受过教育的选民能够选出不同的候选人。就像爱因斯坦曾说的那样："旧的争论永远不会消失，消失的只是那些制造争论的人"。

最近我总是忆起往事，思绪不宁。我们总是在不经意间想起生命中的"第一次"：我们的第一台车，第一个恋人，第一个孩子。而对于最后一次，我们总是事发之后才意识到：我最后一次和父亲说话，最后一次将儿子扛在肩膀上，最后一次登上山顶。通常来说，意识到"最后一次"的消逝带给我的是失落或者深深的遗憾，至少对我而言如此。倘若我知道那是我和祖父的最后一次谈话，我一定会告诉他我还有好多事没和他分享；假如我知道这是最后一次见母亲，我一定会告诉她我有多爱她。

当你读到这里时，我已经安然度过了“古稀之年”（70 岁）。这是我的新书，也很可能是我的最后一本书！为了不在未来留有太多遗憾，我要衷心感谢那些为本书提供了帮助，或从更宽、更深层面塑造了我思想的良师益友。

首先，我要感谢我的雇主——美国国家医学考试委员会（NBME），自 2001 年我任职起，它就为我提供了一个宁静、祥和、却又让人灵感迸发的港湾。美国国家医学考试委员会（NBME）的历史已逾百年，它在独具慧眼的唐纳德·梅尔尼克（Donald Melnick）主席的长期领导下，设立了基金和基础研究室，成就了今日委员会欣欣向荣的现代品格，我由衷地向他和他领导的组织表示敬意。

其次，我要感谢我在委员会中的同事。首先是我的上司，美国国家医学考试委员会高级副总裁罗恩·南格斯特（Ron Nungester）、副总裁布莱恩·克洛塞（Brian Clauser）。他们一直不遗余力地支持我，为我在程序和实体两方面遇到的问题答疑解惑。此外，我还要衷心感谢以下同事对我的慷慨相助，他们分别是：彼得和苏·鲍德温（Peter and Su Baldwin）、伊迪萨·蔡斯（Editha Chase）、史蒂夫·克莱曼（Steve Clyman）、莫妮卡·库迪（Monica Cuddy）、理查德·范伯格（Richard Feinberg）、鲍勃·加尔布雷斯（Bob Galbraith）、马克·杰萨罗利（Marc Gessaroli）、艾瑞娜·格拉博夫斯凯（Irina Grabovsky）、波琳娜·哈瑞克（Polina Harik）、迈克尔·乔多依（Michael Jodoin）、彼得·卡兹弗拉（Peter Katsufrakis）、梅丽莎·马尔格普利（Melissa Margplis）、珍妮特·米（Janet Mee）和雅顿·奥斯（Arden Ohls）。我经常烦劳他们，向他们请教，有时询问他们对我目前所关心的某件事的看法，或请他们听我解释一件又一件晦涩难懂的事。而他们也总是不厌其烦地向我讲解，直到我听懂为止，有时颇为费时。感谢他们给予我的帮助与宽容！

在过去的半个多世纪中，我常向我的朋友和同事“取经”，这期间我欠下太多求学债。请原谅篇幅有限，个人脑容量有限，不能一一列举所有恩人的名字，但尽管如此，我还是要道出主要贡献者的名字：莉安娜·艾肯（Leona Aiken）、乔·伯恩斯坦（Joe Bernstein）、雅克·贝尔坦（Jacques Bertin）、艾·彼得曼（Al Biderman）、达雷尔·博克（Darrell Bock）、艾瑞克·布莱特劳（Eric Bradlow）、亨利·布劳恩（Henry Braun）、拉里·休伯特（Larry Hubert）、比尔·利希滕（Bill Lichten）、乔治·米勒（George Miller）、鲍勃·米斯利维（Bob Mislevy）、马尔科姆·瑞（Malcolm Ree）、丹·罗宾逊（Dan Robinson）、亚历克斯·罗什（Alex Roche）、汤姆·萨卡（Tom Saka）、萨姆·萨维奇（Sam Savage）、比利·斯科鲁普斯基（Billy Skorupski）、伊恩·斯宾塞（Ian Spence）、史蒂夫·施蒂格勒（Steve Stigler）、爱德华·塔夫特（Edward Tufte）、王晓惠（Xiaohui Wang）、李·威尔金森（Lee Wilkinson）和迈克·施基（Mike Zieky）。

我要特别感谢大卫·蒂森（David Thissen），他曾经是我的学生，也是我长期的合作伙伴，更是我的挚友。

接下来，我要说说我的奇遇。我的三年研究生生涯是在普林斯顿大学度过的，期间获得了学术联合会会员的身份。人们一般会认为，这三年与我人生中其他的三年相比，不会对我的人生产生特别的影响。但事实并非如此，毕业后的47年来，我时不时地需要这样或那样的指导，幸好，当我遇到困难时，不久就会有资深前辈出现，为我排忧解难。他们为我提供后续的学习机会，也帮助我持续地产出新作品，这些人分别是：约翰·图基（John Tukey）、弗雷德·莫斯特勒（Fred Mosteller）、伯特·格林（Bert Green）、山姆·梅西克（Sam Messick）、顿·罗宾（Don Rubin）、吉姆·拉姆齐（Jim Ramsay）、谢尔比·哈伯曼（Shelby Haberman）、比尔·伯格（Bill Berg）、琳达·斯坦伯格（Linda Steinberg）、查理·刘易斯（Charlie Lewis）、迈克尔·弗兰德利（Michael Friendly）、戴夫·霍格林（Dave Hoaglin）、迪克·德沃（Dick DeVeaux）、保罗·维尔曼（Paul Velleman）、大卫·多诺霍（David Donoho）、加蒂·杜尔索（Gathy Durso），以及山姆·帕尔默（Sam Palmer）。

那么，我的奇遇是什么呢？快速浏览上述名单你就会发现，只有四五个人和我同一时期就读在同一所学校，其他人我是怎样认识的呢？举个例子吧，我与霍格林（Hoaglin）和维尔曼（Vellman）合作共事几十年，尽管我们进行过多次讨论，但我还是无从记起我们在哪里、何时或如何相遇。也许只有我的母校普林斯顿大学能够帮我解答这个问题，也许她是在培养自己的学子，也许她特意设定了这种机缘巧合。无论如何，我都真心实意感激这种缘分和我的母校！

最后，我要感谢剑桥大学出版社的员工，他们将我零碎的初稿炼化为你们手中完美的篇章。前辈劳伦·考尔斯（Lauren Cowles）是我的编辑，她是行业中的佼佼者，不仅看到了我所做的事情的价值，也对我严加要求，督促我不断地重写和修改文稿，直到达到她的要求。对她我表示最诚挚的感谢。另外，我很感谢文字编辑克里斯汀·邓恩（Christine Dunn）为本书排版，还要感谢林·玛利亚·皮奥塔（Lin Maria Piotta）和卡里莫兹·拉马穆尔蒂（Kanimozhi Ramamurthy）以及她在纽根知识作品出版社（Newgan Knowledge Works）的员工们为这本书所付出的努力。

引　言

现代之法是计算，
古代之法是猜测。

——塞缪尔·约翰逊（Samuel Johnson）

在2012年选举日之前的几个月里，我们被两种截然不同的预测结果分为两大阵营。一方是强硬的党派人士，通常为共和党盟友，告诉我们奥巴马总统即将落选。他们的预测主要是基于经验、“专家们”的内部消息以及福克斯新闻评论人的言论。另一方是“计量派”，主要以内特·希尔弗为代表，他的预测基于广泛的民意调查、历史数据和统计模型。强硬党派人士方法的有效性得到了狡猾的“专家们”的证实，他们凭借手中所掌握的前人逸事以及佯装出来的热忱，成功地强化了同僚们本已深信不疑的信念。计量派的论证很大程度上取决于未经雕琢的事实。他们的观点看起来具有较高的可信度，不仅因为其准确预测了历届选举结果，更在于他们曾运用相同的方法，成功地预测了一系列体育赛事的结果。

不难看出，表面上支持基于先例和逸事进行政治预测的人士，其实也并不真的相信自己的花式炒作，他们不过是希望提高其无知水准来提升自己的工资水平罢了㊀。不幸的是，如此愤世嫉俗的结论通常是正确的。不然，我们该如何解释那些大政治捐赠家的行为呢？如何解释他们向几乎注定要失败的候选人身上不断地投入真金白银？如何

㊀ 这里我想到了厄普顿·辛克莱（Upton Sinclair）的说法：“如果一个人的薪水关联其无法获悉的真相，那么要让他弄明白真相是不可能的”。译者注：作者这里嘲笑越无知的人往往越身处高位，却对显而易见的事情一无所知。

解释米特·罗姆尼（Mitt Romney）这样一位超凡的智者，居然相信自己会在2013年1月入主白宫？也许，在他那务实且兼具数据思维的灵魂深处，他隐约感知到总统之位并非其归宿。不过，我可不这么认为，我更相信他妥协和屈服于人类最原始的冲动，他对胜利的渴望大大战胜了他手中已经掌握的证据。

我们很容易就能找到人类钟情魔法思维而非实证主义的范例，而且这一现象依旧广泛存在。兼为作家和历史学家的雷内·海恩斯（Renee Haynes，1906—1994）提出了“**犹疑阈值**”这一实用概念（即当人们面对一些新想法时，大脑犹豫和迟疑的程度）。斯坦福大学著名人类学家塔尼娅·卢尔曼（Tanya Luhrmann，2014）用一些例子对此进行了说明。我想借用这个概念，希望用她富有感召力的短句即“理性之末，信仰之初”重新定义它。

本书旨在提供一个图文并茂的工具箱，使得我们能够发掘一条界线——挖出一个证据和理性都被抛弃的地界——以便我们能够理智地面对那些犹疑阈值之外的喧嚣论断。

我将要提供的工具来自数据科学领域。对于认同某个论断临近犹疑阈值最右边界这一特性，我们将其称为“似实性”。

> 数据科学是从数据中获取知识的学科。
>
> ——彼得·诺尔（Peter Naur, 1960）

> **似实性**是指一种所谓的“事实”，即一个人“从直觉上”或“感觉上”就能判断正确，而并未考虑证据、逻辑、学术论证或事实本身就提出的观点或论断。
>
> ——斯蒂芬·科尔伯特（Stephen Colbert, 2005-10-17）

数据科学这个相对较新的术语，由彼得·诺尔创立，再由统计学家杰夫·吴（Jeff Wu，1997）和比尔·克利夫兰（Bill Cleveland，2001）加以发展。他们将数据科学作为统计学的延伸，涵括了多学科调查、数据模型和处理方法、数据计算、教学、工具评估和相关理论。其现代概念综合了许多相关领域的思想和方法，比如信号处理、数学、概率模型、机器学习、统计学习、计算机程序设计、数据工程、模式识别和学习、可视化、不确定性建模、数据仓库和高性能计算。这听起来很复杂，任何一种尝试，哪怕只是掌握其中一部分，似乎都能让人筋疲力尽。确实如此，但正如人们不必掌握固态物理学就能成功操控电视机一样，人们也可以通过理解数据科学的一些基本原理，像专家一样思考，去辨识缺乏证据的观点，并如是杜绝其将可能产生的任何影响。事实上，**数据科学的核心是统计学以及统计学的方法，其精髓在于将重点放在那些可观察和可复现的证据上。**

本书旨在为树立数据科学家思维提供入门读本，通过一系列联系松散的案例研究，说明数据科学的相关原理。书中并未提及太多这样的原理，但根据我的经验，仅此便足以使你受益匪浅。

似实，虽然是个新词，却是一个非常古老的概念，它出现于科学产生之前。它在人们心中根深蒂固，曾被如此精心地浇灌，以至于想将其连根拔起无疑是难上加难。我们所能期盼的最好结果是：充分认识似实只是源于我们大脑中属于爬行动物的那一部分，这样我们就既可以承认其影响，又可以通过逻辑思维来阻断它[㊀]。

要想从似实魔爪中逃脱，只需要问一个简单的问题。但凡有人提出论断时，我们应该首先问自己一个问题：“人们怎么会知道这一点?”如果答案不明，我们必须接着追问观点的提出者，“你有什么证据支持你的说法?”

让我举四个观点作为案例：

1. 对尚在子宫的胎儿说话将有利于孩子的发育。

2. 让孩子重上幼儿园是明智之举。

3. 与未割包皮的男性发生性关系是导致女性宫颈癌的诱因之一。

4. 那个池塘里大约有1000条鱼。

似实想法有时被称为“快速的想法”，因为只有你说得快，它们

㊀ 我的目的不是要讨论何种演化压力使得似实产生并世代延续。相关资深讨论请参考诺贝尔奖得主丹尼尔·卡尼曼（Danny Kahneman）启人深思的著作《思考，快与慢》（*Thinking*, *Fast and Slow*）。

才显得合情合理[一]。让我们依次仔细地讨论一下这些“似实”观点。

案例一：与胎儿交谈

让我们先来计划如何收集证明该观点所需的证据，然后试着想象在现实世界中，任何人都可能设计出较为理想的研究。这里，要想了解任何干预对胎儿的影响程度，我们必须将该干预与未经干预的胎儿生长情况进行比较。在这种情境下，我们必须比较母亲定期交谈的胚胎和母亲未与其进行言语沟通的胚胎的发育情况。显然，同一个胚胎无法兼顾两种条件。仅仅通过比较行为对立条件下的结果来评估一项行为的价值，其说服力似乎并不充分。相反，我们应该基于实验组与对照组的平均数据进行推理，其中实验组为经常进行对话的胚胎组，而对照组则是条件被替换后的胚胎组。如果两组都通过随机抽样选取，我们有理由相信将实验组置于控制条件下，我们从中能够观察到对照组（控制组）中所观察到的现象。

接下来，如何进行干预？和胎儿交谈多长时间？讨论什么？叙家常可以吗？还是给予母亲们交谈指示？抑或只允许轻声低语？另外，其他的替换条件是什么？完全沉默？还是仅仅不对胎儿说话？说什么语言有差别吗？语法和句法的正确性需要控制么？

最后，我们还需要一个因变量。“儿童发育”是什么意思？指的是他们成年后的最终身高吗？还是他们学习语言的速度？抑或是个人的整体幸福感？其内涵到底是什么？我们测量孩子的哪些指标才能进行比较？而且何时比较：出生时、1岁、5岁还是20岁时？

面对诸如此类的观点，我们至少要问出以上这些问题才会显得明智。而这些问题的回答将会帮你辨明该观点是有理有据的事实，还是似是而非的似实。

至少目前为止，我还没有听到任何提出类似说法的人提供了任何可信的证据。

案例二：重读幼儿园

评估“对胎儿讲话的有效性”证据时所需考虑的问题，在这里也

[一] 通过快速传递让愚蠢的想法听起来更明智的效应在某些方面可以被视为“多普勒效应”。

行之有效。如果不重读幼儿园，孩子表现会怎样？哪些因变量反映了干预的成功？是否可能存在这样的实验：一些孩子被随机选择再读，而其他孩子没有？如果这种几乎不可能的情况真的发生了，那么如何判断成功与否？如果我们只是关注一些诸如一年级孩子的身高或年龄之类的小指标，重读的孩子肯定会比那些正常入学的孩子身高更高，年龄更长，但这不是我们想要的结果。我们想知道的是，如果孩子们入学被推迟，他们是否会更快乐？他们在六年级时的阅读能力是否优于未被要求重读时的状态？

建立一个可信的理论来支持重读一个年级并不难——假如有孩子不能完成整数加法，那么把他们放到一个需要这种技能的班级是没有意义的。但这样的决定断不会如此简单，更可能需要考虑一个基于量化的决策：“这个孩子的技能是否真的太差，无法达到下一层级的要求?”。这些指标是可以获知的，但仍需收集证据。我们可以把这样的研究结果用图表显示，其中，将孩子在幼儿园的数学成绩绘制在横轴上，一年级的数学成绩绘制在纵轴上。由此，就能给我们展示两个年级成绩表现之间的关系，但还是没有告诉我们重读幼儿园的效果。为此，我们需要考虑一个反事实的场景：如果这个孩子重读幼儿园，其分数表现又当如何？我们需要将两次考试的成绩进行比较，即将复读幼儿园后的一年级成绩以及未复读的一年级成绩进行比较。

同样，只要能够做到随机抽样并考察对照实验组的平均表现，构建这样一个实验并非毫无可能，不过现实中操作任何这类实验的可能性基本上微乎其微。

试想，如果你问老师依据什么来建议你的孩子重上幼儿园，老师的回答会是什么。无非是各种似实感满满的，诸如“据我的经验”或“我的深刻感受”之类的话语罢了。

案例三：包皮手术是否关乎宫颈癌

此案例引起我的关注是因为一名在宾夕法尼亚大学攻读 STAT 112 课程的学生。该课程要求学生在大众传媒上选择一个观点，并设计一份研究报告，用充分的论据佐证该论点。然后，他们要判断现实中可以收集到哪些数据，并评估这些数据与能得出可信结论所需数据之间的差距。

这位学生认识到，决定是否为男婴进行包皮环切手术可能与宫颈癌研究中的社会因素相关。为了排除这种关联的可能性，她认为，去验证一个合理受控实验的隐形关联，应该随机决定是否让男孩实行割礼。她还认为，女性对性伴侣的选择也可能是出于一些意外的联系，因此，她建议该实验男女之间的性行为也应该随机进行。一旦这样设计，接下来的就是跟踪研究中所有的女性三四十年，并根据其性伴侣的包皮环切情况统计宫颈癌的发病率。当然，她们需要一直保持同一个伴侣，不然我们就无法获得包皮手术是否与宫颈癌有明确联系的结论。

最后，她指出，在美国，每年大约有12000名妇女被诊断出患有宫颈癌（女性人口总量约为1.55亿），即每13000名妇女中就有一例病患。这意味着研究所需两个实验组中的任何一个都至少需要50万名女性参与者，才可能达到足够的样本，以检测可能产生的细微差别。

一旦她完成了这张设计清单，她就意识到这样的实验肯定是不可能完成的。不过，相反的情况可能出现，有人调查了一些宫颈癌患者性伴侣的情况，发现其中有不少未割包皮。由于其他替代性解释足够多，这反而可以使她得出推翻上述观点的结论。

完全随机测试和肤浅的数据收集差不多吗？**在完全随机实验难以操作的情况下，有许多替代方案，如病例对照研究，可以在一定程度上满足完全随机实验的可信度，其操作却要可行得多。**

现代科学是建立在专业技术基础上的复杂大厦，外行可能看不到，甚至无法理解。**那么我们怎么知道所提出的观点到底有没有采用不为人知的可靠方法？**在下一个示例中，我会对其进行说明，然后再回到这一点。

案例四：池塘里数鱼

“池塘里大约有1000条鱼。”人们怎么知道的呢？他们是不是用一张巨大的网拉满池塘，把所有的鱼都抓起来，然后数一数？听起来不太可能。因此，我们有理由怀疑这种估计的准确性。或许有些被认可的科学方法可以进行类似的估计。尽管持有合理的怀疑态度很重要，但更明智的做法是询问估算池塘里有1000条鱼的人凭什么这样断定。如果这样问，可能收到的回复是："我们使用了'捕获再捕获'的方法啊"。这样的行话亟待阐明，他们会接着解释："上周我们来这里抓了100条鱼，贴上标签后又扔了回去。一个星期后，标记的鱼与其他鱼混合，然后我们又捞到100条鱼，发现其中有10条鱼带有标签。计算很简单，捕获的鱼中有10%被标记，而我们知道标记总量是100条，因此池塘里肯定有1000条鱼。"

捕获-再捕获法的应用至少可以追溯到1783年，当时法国著名的学者皮埃尔·西蒙·拉普拉斯（Pierre Simon Laplace）用它来估算法国的人口。这种方法被广泛应用，其中一项用于估算在美国的非法移民数量。

小　结

以上四个案例说明，质疑精神很重要，但我们必须对现代数据科学提供的可能性保持开放的态度。我们对它了解得越多，我们就越能设计出有针对性的实验，从而获得支持观点的证据。**如果我们想不到可行的方案，或者想到的也不太可能操作，我们大可以保持怀疑态度，要求观点提出者根据科学而不是经验进行论证。方法的可信度取决于其能否帮助我们识别各种观点距犹疑阈值临近似实那一段的差距。**

本书分为四个部分：

一、像数据科学家一样思考。其关键在于借助精妙的因果关系理论，描述我们如何对他人的观点进行思考。本书讨论了各种情况，我都会用现实生活中的观点及其论据来说明这一方法。我们研究的问题范围很广，从产生快乐的原因，到卓越音乐和优秀曲目之间的关系，再到俄克拉荷马州的水力压裂开采法对该州地震频率的影响有多大，甚至包括如何评估通过死亡监测获得的实验证据。

二、像数据科学家一样沟通。我首先从一些有关共情的重要性和有效沟通的理论开始，然后将焦点缩小到定量现象的讨论上。相关主题主要包括对癌症遗传风险的探讨、媒体对统计方法的使用，以及统计图的分析。

三、数据科学工具在教育领域中的应用。探讨的主题包括过去几十年间学生成绩的总体趋势、公立学校的教师任期，以及2014年促使美国大学委员会连续三次对美国大学入学考试（SAT）进行改革的原因。

四、结论：在家尝试。

本书的各个部分都引入了一系列研究案例，阐释了现代数据科学的一些深刻思想，以及如何利用这些思想来帮助我们战胜欺骗。**思想世界通常分为两大阵营：实践阵营和理论阵营。50 年的经验使我们相信，没有什么能比完善的理论更能反映实际。**做出因果推论的关键在于，我们必须尝试着去了解我们生活的世界的方方面面，因此，除了从讨论因果推论开始，实际上也并没有其他更好的方法。我们的讨论主要聚焦于一个卓越的理论——“鲁宾因果推理模型”，该模型由哈佛统计学家唐纳德·鲁宾（Donald Rubin）在 40 年前第一次提出。

目　录

导读
译者序
前言与致谢
引言

第1部分　像数据科学家一样思考

第1章　72法则用于财富、事业和汽车油耗　/　4

指数增长是人类直觉无法理解的。在本章中，我们从历史和当前经验中抽取了几个例子来进行说明，并介绍了常用于帮助理财师理解指数增长的一则简单的经验法则，同时展示了如何更广泛地使用它解释一系列其他问题。72法则说明了在工具箱中常备这样的“规则”以备不时之需是多么重要!

第2章　钢琴大师与4分钟1英里的记录　/　9

极端观察记录出现的频率与观察样本规模必然相关。在过去的一个世纪里，音乐大师的数量激增，这其中包括了大量的高中生演奏者，他们能够演奏过去除了最有才华的艺术家之外其他人都不敢挑战的作品。在这一章，我们发现用一个简单的数学模型就能解释这一结果，以及为什么跑步运动员突破了4分钟1英里的成绩不再是新闻。

第3章　幸福与因果推理　/　13

这里我们将介绍鲁宾的因果推理模型，它指导我们集中精力衡量一个变量对另一个变量的因果效应，而不是通过捕风捉影盲目寻找产生该效应的原因。这种重新定位使我们自然而然地将随机的控制性实验作为一种重要的科学方法。为说明该方法的作用，我们阐述了如何利用它解开缠绕在幸福感和学业表现之间难解的戈尔迪之结。它如同一束强劲的光，照亮了无根据主张的阴暗角落。

第4章　因果推理与死亡　/　20

在现实中，计算因果效应大小的道路因为无处不在的数据缺失而变得坎坷。本章将讨论经常发生的意外事件导致精心设计的实验失衡的具体情况。我们列举了一个医学实验案例，由于一些病患在实验进程中不幸去世，我们必须排除这些干扰数据，估算出治疗的因果效应。鲁宾模型又一次帮助我们找到了解决方案，一旦你掌握它，它的指引会出乎意料地显著而又细致微妙。

第5章　实验回答四个恼人的问题　/　33

公共教育领域需要采用多种有效方法来进行因果推理。然而，我们发现围绕公共教育话题到处充斥着似实。由于公共教育的有效性常通过测试进行衡量，因此，出现与测试相关的许多话题并不奇怪，然而问题双方的激烈争论往往压倒了事实。我们讨论了四个问题，有的已经在法庭上被裁定了（非决定性裁决），还有一些在本章编写的过程中正进入诉讼程序。

第6章　观察研究中的因果推论：压裂法、注入井、地震以及俄克拉荷马州　/　50

开展实验并不一定总是可行的，我们有时不得不进行观察研究。在过去的6年中，俄克拉荷马州的较强地震（3.0级或以上）从每年不到2次增加至几乎每天2次。在本章中，我们将探讨如何利用观察研究来估算压裂法以及高压注水处理废水与地震活动的因果效应。尽管政府官员和石油工业代表极力否认，但这种因果关系的证据却是压倒性的。

第7章　生活中的艺术：玩转缺失数据算法　/　61

数据科学家们面临的最大问题是如何处理缺失的观测值（或者缺失数据）。在这一章，我们了解到那些最初用来处理不可避免的数据缺失的方法看起来似乎完全合情合理，却被不适当地利用来钻体系的漏洞。另外，本章还说明了如何用最有效的方法来处理这些闹剧。

第 2 部分　像数据科学家一样沟通

第 8 章　共情在沟通设计中的关键作用：以基因测试为例　/　70

图形显示也许是数据科学所拥有的最重要的工具，能让数据自己向数据科学家传递其蕴含的意义。它们让科学家与所有人都能畅通地交流。迄今，任何希望能有效沟通的人都应具备一个最重要的态度，那就是要有强烈的同理心。在这一章中，我们讨论了两种不同的交流方式，并展示了从普林斯顿大学录取通知书中学到的道理，如何有效地用于传达显示携带突变基因、警示女性患癌风险高的检测结果。

第 9 章　改进媒体和我们自己的数据呈现　/　79

在科学家和大众之间的交流中，两者的影响是双向的。我们看到科学文献首创的图形显示方法被媒体所使用；如今，反过来，科学家们却不得不缓慢地去追赶媒体进步的脚步了。

第 10 章　由内而外的图表　/　95

高维数据（涉及两个以上变量的数据）的可视化显示，最大的设计挑战之一就是二维平面载体（一张纸或一个电脑屏幕）的局限性。在这一章中，我们将说明如何使用由内而外的图示来揭示这些数据集中可能包含的许多秘密。我们通过例子比较了 6 位棒球明星在 8 个变量上的表现。

第 11 章　150 年的道德统计：绘制证据以影响社会政策　/　104

任何将地理变量与其他指标（比如各州选举结果或人口普查区域各区人口）相结合的数据集都亟需一张地图。地图是最古老的图形显示，现存的例子有来自古埃及尼罗河测量绘制的地图。地图显然更方便直观表示位置，使用二维的绘图平面来表示地理信息。过了很久之后，人们才在地理背景上添加了许多其他非地理变量。在本章中，我们引用了 19 世纪英国律师和统计学家约瑟夫·弗莱彻的作品，他在

英格兰和威尔士的地图上描绘了当时文盲、私生子、犯罪和不负责任的婚姻的情况。我们对他的这个作品进行了广泛讨论，包括弗莱彻做了什么、为什么以及如何通过更现代的展示方法来帮助他实现社会公正的目标。

第3部分　数据科学工具在教育领域中的应用

公共教育涉及每个人。我们都曾缴纳本地财产税来为教育买单，而且几乎所有人，要么通过自己，要么通过孩子参与了公共教育。然而，很难想象在这样一个有着广泛基础的领域中，同样充斥着产生于似实的各种错误观点。在这一部分，我们将考察五个不同的公众舆论焦点。同样，这些观点都是基于逸事和先例而非证据支持。每一章我们都将介绍其中一个观点，然后再提出可以广泛获取的证据去明确反驳它。本部分与第1、2部分紧密相连，前面两部分介绍的方法用于强化我们的质疑精神，而本部分旨在提供一种基于证据的方法用以评估观点的可信度。

第12章　等待阿基里斯　/　124

美国的教育制度常常因学生学业表现不佳且根深蒂固的白人与黑人学生分数差距而饱受诟病。在这一章中，我们使用证据来澄清这两个问题，这一过程让我们发现，情况远没有被似实驱动的批评者说的那么恶劣。

第13章　终身教职价值几何？　/　128

公共教育的批评者通常将教育系统的缺陷归咎于教师终身制。在本章，我们追溯了终身教职制的起源，并提供了证据说明，要取消它可能会超出批判者的预期，不仅费用昂贵而且效果一般。

第14章　拙劣的作弊检查：看起来像，就一定是　/　135

每当考试能带来重大影响时，就可能有人作弊。为了限制作弊行为，学生的成绩会受到严格的审查，作弊的学生有时会受到严厉的处罚。在这一章中，我们描述了两个例子，其调查的热情本身超过了其

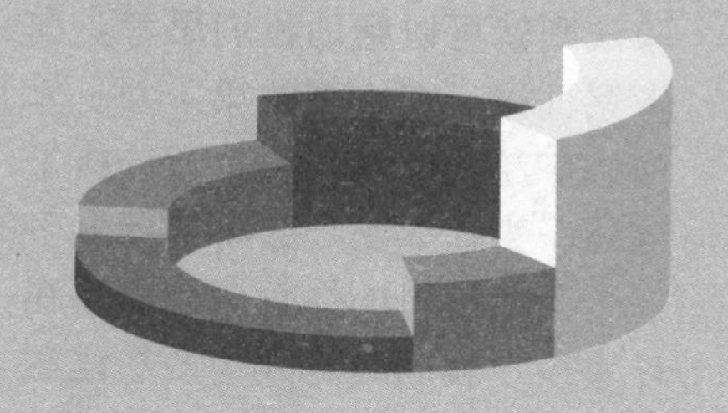

第 1 部分

像数据科学家一样思考

引　言

并非所有的数据科学都必须掌握深入的思想，有时一些简单的经验法则就可以帮助我们思考。前几章是我们的热身章节，让我们首先考察证据。在本书的第 1 章，我展示了金融界长期使用的 72 法则如何被广泛地应用。第 2 章分析了《纽约时报》音乐评论家提出的一个谜题，为什么现今会有如此众多的钢琴演奏家？通过把这个谜题和另一个与之平行的体育谜题联系在一起，我只是小小施展了一下我的统计手段，就同时解开了两个谜题。在这两章中，我们还邂逅了两个重要的统计概念：（1）答案的近似值；（2）极端观测值出现的可能性随样本变大而相应增加。后一种观点——例如，100 人中身高最高的人可能没有 1000 人中的最高者那么高——虽然这个结论用一点数学知识就能表达清楚，不过，即使不用数学也能通过直觉理解，这个观点常被用来解释在我们在日常生活中遇到的各种现象。

我认为，自大卫·休谟后，对科学思维做出了最重要贡献的是唐纳德·鲁宾（Donald Rubin）的因果推理模型。鲁宾的模型是本节和本书的核心。尽管鲁宾模型的基本思想陈述比较简单，但其关于反事实条件的深刻含义绝对会让你头疼。不过，真正掌握它会大大改变你的认知。事实上，学习这种因果推理的方法与学习如何游泳或如何阅读非常相似。阅读与游泳都是很难完成的任务，但一旦掌握了，你就会发生永久性的改变。学会了阅读或游泳之后，你很难想象没有阅读或不会游泳是什么感受。同样，一旦你掌握了鲁宾模型，你对世界的看法也会改变。它会让你产生强烈的质疑精神，为真正发现问题指明方向。在第 3 章中，我阐述了如何运用该方法来评估学校成绩对幸福感的因果效应，以及其反过来的因果效应，即幸福感对学校成绩的因果效应。接着，在第 4 章中，我将讨论扩展至鲁宾模型如何帮助我们处理不可避免的、意外丢失数据的情况。我使用的例子涉及实验对象在医学实验研究完成之前死亡的案例，其结果令人震惊也十分微妙。

要想最大化地发挥鲁宾模型的效益，关键是在实验过程中进行控制。我在第 5 章中举出了教育测试中几个恼人的难题，只用了几个短小易行而精心设计与谨慎施行的实验，就获得了明确的答案，而先前的观察研究，甚至那些基于“大数据”的研究，只是淡化了遮掩这些问题的巨大迷雾。

但有时现实的局限会妨碍利用实验来回答重要的因果问题。这种情况下，我们不得不进行观察研究。在第 6 章中，我们举出了一个引人入胜的例子，我们试着评估了现代几种不同的石油、天然气的开采方法（比如水力压裂法、压裂法以及将废水高压注入处理井）对地震活动的影响程度。我们展示了尽管真实实验几乎不可行，但当观察研究越来越接近真实实验时，研究的可信度仍然可以不断提高。

最后，我们讨论了所有实际调查中最严重的问题之一：数据缺失。我们讨论了这个看似神秘而晦涩的话题，为什么必然会招致漠不关心的哈欠。然而，它绝不能被忽视。因此，第 7 章中，我展示了两种处理丢失数据方式导致巨大错误的情形。这两种情形都通过所选缺失数据算法中的怪异模式，有目的地操控结果。在第一个案例中，一部分有意操控结果的人丢了饭碗，在第二个案例中，还有些人进了监狱。该章的重点是强调丢失数据可能造成欺骗的重要性。一旦我们了解了可能发生的恶作剧，我们就能有动力地学习如何集中精力，从而应对那些不可避免的数据丢失。

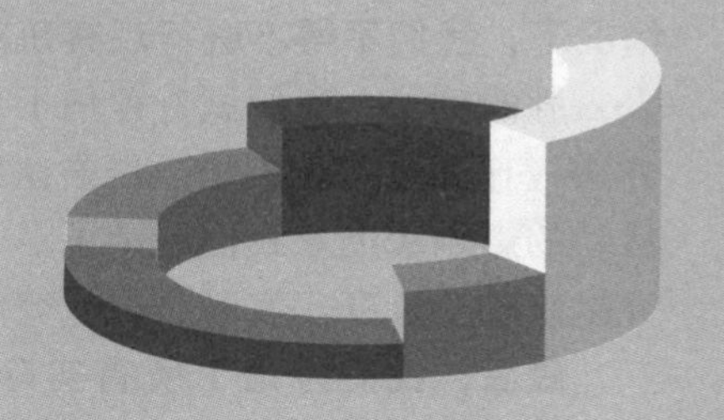

第 *1* 章

72 法则用于财富、事业和汽车油耗

第1章　72法则用于财富、事业和汽车油耗

科学不会试图解释，甚至几乎不去尝试进行阐释，而主要是建立模型。模型指的是一种数学结构，加上一些语言解释，用以描述所观察到的现象。数学模型的合理性和正当性完全取决于它能否达到预期的效果。

——约翰·冯·诺依曼（John Von Neumann）

恭喜你！你中了彩票，可以从以下两项奖品中任选其一：

（1）连续一个月每天领10000美元；

（2）第一天领一分钱，第二天两分钱，第三天四分钱，每天都翻倍，直到整个月月末的最后一天。

你喜欢哪个选项？

在信封背面做一些计算就能搞清楚，十天后选项（1）已经产生了100000美元，而选项（2）只产生了10.23美元。如何选择看起来已经足够明朗，但如果我们继续进行运算，20天后选项（1）已累积至200000美元，而选项（2）也已经上涨到10485.75美元。在这个月所剩无几的日子里，选项（2）的乌龟有可能超过选项（1）的兔子吗？

然而，20天后的指数增长就已悄无声息地变得势不可挡，在第21天，指数增长为21971美元，到了第22天，就是41943美元了。因此，等到第25天，尽管选项（1）已经线性地达到了可喜可贺的250000美元，而选项（2）却已经超过了它，以（最后一天）累计335544美元的姿态冲向月底的终点线。

如果这个月是非闰年2月，选项（2）将产生2684354美元的总价值，几乎是选项（1）总收益的10倍。但如果闰年只多出一天，它将翻一番，达到5368709美元。而且，如果你足够幸运，遇到了一个持续31天的月份，那么以一分钱起始的翻倍将累积到21474836.47美元，收益几乎是每天领取1万美元选项的70倍。

如我们所见，两个选项的决定相差千里。尽管选择（2）毫无疑问是一记灌篮猛招，我们中又有多少人可以预见到呢？

千百年来，指数级增长一直迷惑着人类的直觉。公元前1000年左右，波斯诗人菲尔多西（Ferdowsi）的史诗《列王纪》（*Shahnameh*）最早描述了它所造成的困惑。故事围绕着印度数学家塞萨（Sessa）

展开，他发明了国际象棋，并将其呈献给国王。国王对这项新游戏非常喜欢，授予塞萨为自己的发明命名的权利。而塞萨则请求国王用小麦支付他的奖金。先在棋盘的第一个方格上放 1 粒麦子，再在第二个方格上放 2 粒麦子，在第三个方格上放 4 粒麦子，以此类推，放入 64 个方格的麦子每一次都要加倍。在国王看来，这不是一个过分的要求，于是他很快同意了，并命令国王的司库计算总数，再将其交付塞萨[㊀]。结果是，由于国王对指数增长的理解比塞萨差太多，最后算出来的数额，哪怕押上国王所有的财产都不够支付。于是，故事结尾有了两个版本：一个版本是，塞萨成为了新的统治者；另一个版本是，塞萨被砍掉了脑袋。

我们不需要回到古代经典中去寻找这种让人迷惑的例子。1869 年，英国学者弗朗西斯·高尔顿（Francis Galton，1822—1911）研究了英国人的身高分布。高尔顿利用正态分布从他那为数不多的样本中，预测出所有人口[㊁]的身高分布。由于他错误地估计了正常曲线的指数性质迫使其向零下降的速度，他预测在不列颠群岛上会有几个身高将超过 9 英尺（1 英尺 = 0.3048 米）的居民。在高尔顿时代，9 英尺的身高应该比平均值高出了 13 个标准差，这样的可能性微乎其微。其实不需要通过计算，你可以选取正态曲线距离中心 13 个标准差 1 毫米的高度来检验自己的直觉。如果你的答案是用小于光年的任何单位来衡量的，那么你的直觉很可能和高尔顿的一样存在缺陷[㊂]。

复利带来指数增长，因此，理财师不断强调尽早为退休而储蓄的重要性。然而，人们内心深处很难理解由于复利产生的指数增长结果。为了验证我们的直觉，各种经验法则顺势而生。其中，最著名也最古老的“72 法则”，由卢卡·帕西奥利（Luca Pacioli，1445—1514）在 1494 年给予了详尽的描述（尽管没有做出相关推导）。

简而言之，72 法则给出让你的资金在任何给定的复合利率下翻倍

㊀ 对国王而言，他没有预见到指数级的增长最后能算出 18446744073709551615 颗麦粒。

㊁ 在第 2 章，我们将用高尔顿（Galton）方法的正确版本回答有关难题。

㊂ 这个标准曲线中心的高度大约是宇宙直径的 340 万倍。

所需时间的估值。倍增时间是用 72 除以利率值得出。因此，6% 的收入将在 12 年内翻倍，9% 的利率将在 8 年内翻倍，以此类推[⊖]。这个近似值在你的头脑中计算得如此容易，但它却惊人的准确（见图 1.1）。

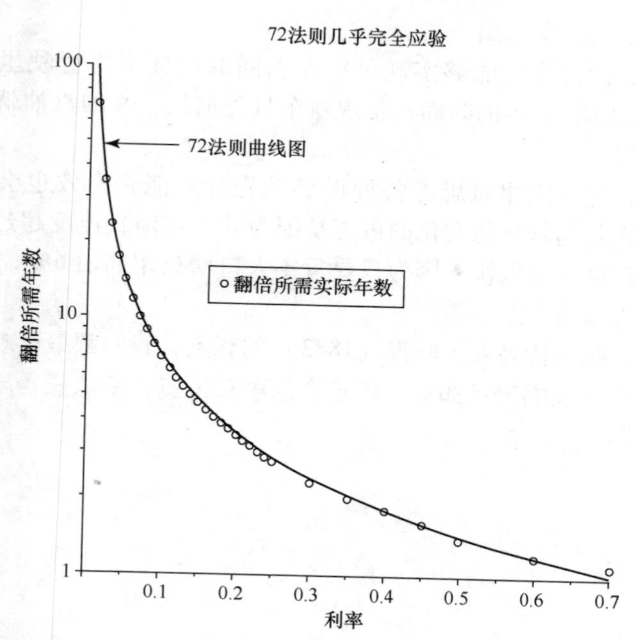

图 1.1 复利的威力表示为金额翻倍所需的年数（复利的幂次），它是利率的函数

金融领域以外的许多情形，都可能出现指数增长。当我在读研究生的时候，杰出的约翰·图基（John Tukey）建议我，若想在事业上取得成功，必须比竞争对手更加努力，但“也无须太努力，倘若每年只比其他人多努力 10%，短短 7 年内你所学到的将是竞争对手的两倍。”也就是一天只需 48 分钟，你就能获得巨额红利。

⊖ 72 法则表示的是笼统的计算。当利率为 r 时，T 时间段金额翻倍时更精确的值是 $T = \ln 2/r$；当在 T 时间段金额达到 3 倍时，它是 $T = \ln 3/r$，以此类推。注意，$100 \times \ln 2 = 69.3$，这将提供比 72 更精确的估计；但是，由于 72 拥有较多的整数因子，所以不难理解首选它的原因。

现在我们将72法则扩大了适用范围，就可以很容易地看到它能清晰解决其他问题的路径。比如，我最近参加了高中同学50周年聚会，对同学们的体态颇感失望。然而，我很快意识到，即使他们的体重只以每年1.44%的速度缓慢上升，50年后，他们的体重也会比毕业纪念册上的形象翻出一倍。

同样，假设我们能够实现每年在相同的油耗下将行驶里程提升4%，那么仅需18年的时间，常规新车只需消耗一半的汽油就能达到同样的里程。

当然，这条定律对思考各种世界领先计划能否奏效也会有所启发。一种文化超越其他文化的可能是因为其人口增长速度超过了竞争对手。但速度无须太快，因为只要每年人口增长率高出6%，短短12年内，总人口将翻上一番。

在此，我支持马克·吐温（1883）的观点，我们都最喜欢将科学认知为“个人仅需进行如此微不足道的事实投资，就能获得丰硕的推测性回报”。

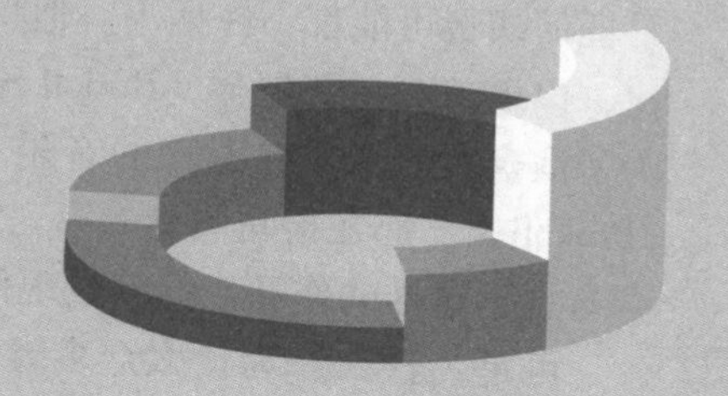

第2章

钢琴大师与
4分钟1英里的记录

《纽约时报》首席音乐评论家安东尼·托马西尼（Anthoni Tommasini）在2011年8月14日（星期日）《纽约时报（艺术版）》的专栏中惊叹："艺术家现在居然一抓一大把了"。托马西尼有些敬畏地描述，青年音乐家人数直线上升，他们的钢琴演奏技术娴熟，对他们而言，似乎任何演奏可能都不在话下。他将这一点与过去的艺术大师们进行了对比，以鲁道夫·塞尔金（Rudolf Serkin）为例，他拥有的技巧，仅仅是为了演奏对艺术家有意义的音乐。塞尔金没法演奏像"普罗科菲耶夫（Prokofiev）那在指间飞旋的第三钢琴协奏曲，或宏大的李斯特（Liszt）奏鸣曲"这样的作品，但多数现代艺术家大多能做到。

可是为什么？为什么众多青年钢琴家要把"钢琴演奏水平刷新到一个新境界"？托马西尼没有尝试回答这个问题（尽管他顺便提到了罗杰·班尼斯特（Roger Bannister））。那不如让我试试[㊀]。

我们所见到体育界所取得的明显无止境且螺旋式上升的成就，为解开托马西尼的谜题提供了参考背景。尽管我是最不愿否认他们对音乐所做出贡献的人，但我也无意暗示音乐技巧的提升仅仅是由于饮食习惯和训练方法的改进，或是更科学的指导。**我认为人口数量是导致技能显著提高的一个主要因素。**我会在下面详细说明。

在过去的一个世纪里，1英里（1英里=1609.344米）赛跑的世界纪录每年稳定地提高了将近4/10秒。20世纪开始的记录是4分钟13秒。罗杰·班尼斯特在不到4分钟时间里跑完1英里后，就筋疲力尽地倒下了。十年多一点的时间里，他的成绩就被高中赛跑运动员超越了。到20世纪末，希汉姆·埃尔·格雷鲁（Hicham El Guerrouj）

㊀ 未来对新兴钢琴演奏家的技术要求将会达到一个新水准。我不仅从音乐巡演中能看到这一点，也能从音乐学院和大学的谈话中洞悉一二。近年来，我一次次被仿如天赋神韵的、绝对的乐器专业水平所打动。钢琴家杰罗姆·洛温塔尔（Jerome Lowenthal）长期任教于茱莉亚音乐学院（Juilliard School of Music），他在自己的工作室里研究拉赫玛尼诺夫（Rachmaninoff）第三钢琴协奏曲。1996年，当讲述精神病患钢琴师故事的电影《闪亮的风采》引发了大众对这首曲子的好奇时，记者们提问洛温塔尔这首作品是否如电影所说那么难。他回答说，他有两个答案："第一是这首曲子确实很难。第二是我所有16岁的学生都在练习它"。见安东尼·托马西尼（Anthoni Tommasini），《纽约时报》，2011年8月14日。

以3分钟43秒的成绩打破了纪录。什么状况？人类的跑步能力如何能在短时间内有这么大的提高？人类已经奔跑了很久，远古时期，快速奔跑的能力对生存而言远比今天更重要。答案的线索隐藏在破纪录者的姓名中。在20世纪早期，这项记录被斯堪的纳维亚人保持着——帕沃·努尔米（Paavo Nurmi）、冈德·哈格（Gunder Haag）和阿恩·安德森（Arne Andersson）。接着，20世纪中叶，由英国人引领其中包括：罗杰·班尼斯特（Roger Bannister）、约翰·兰迪（John Landy）、赫伯·埃利奥特（Herb Elliot）、彼得·斯内尔（Peter Snell），后来是史蒂夫·奥维特（Steve Ovett）和塞巴斯蒂安·科（Sebastian Coe）。而在21世纪，非洲运动员接过了接力棒，先是菲尔伯特·贝伊（Filbert Bayi），然后是努雷丁·莫塞利（Noureddine Morceli）和希查姆·埃尔·格雷鲁（Hicham el Guerrouj）。随着精英赛开始招募更多的跑步运动员，比赛用时不断进步。**在比赛中经过层层选拔从一千人中脱颖而出的冠军选手，当然可能比在百万人竞争中胜出的冠军选手要慢。**

一个由斯科特·贝里（Scott Berry）在2002年提出并测试过的简单统计模型，成功地“捕获”了这个观点。它认为人类的跑步能力在过去的一个世纪里并没有多大改变。在1900年到2000年间，人类跑步能力的分布是一条平均值相同、方差相同的正态曲线。真正变化的是这条曲线各年度对应的人口。因此1900年世界上最优秀的跑步运动员（据我们所知）是10亿人中最好的，而在2000年，他是60亿人中最棒的。原来，如此简单的模型就能够以客观标准精确地描述所有竞技比赛中的成绩提高情况㊀。

㊀ 当然，社会因素——世界的变小和同质化——会更大程度地增强这种效应。肯尼亚没有参加1900年奥运会，其他非洲国家也没有参加。当年，不仅全球人口池的计算范围小，整个非洲大陆的人口也被排除在外。那个时候或至今，生活在东非大裂谷边上700英尺以上的高海拔地区长腿的卡伦津人都不曾听说过奥运会或者巴黎，即使听说过，从他们的生存现实和观念来看，就为跑一场比赛而穿越四分之一个地球根本就是天方夜谭。肯尼亚直到1956年才参加奥运会，三场比赛之后，他们的运动员在墨西哥城获得了三枚金牌。著名的基普·基诺（Kip Keino）只是其中的一名运动员。从那时起，肯尼亚人（其中绝大多数是卡伦津人），已经获得了68枚奥运会田径奖牌。诺亚·比尔兹利（Noah Beardsley）计算得出，2005年卡伦津人占世界人口的0.0005%，却赢得了40%的顶级国际长跑项目。

因此，相信类似情景正在人类其他活动领域上演，且似乎也并不牵强。翻阅托马西尼提到的杰出青年钢琴家名单，我们可以看到现在已经司空见惯的名字，但在一个世纪前的卡内基音乐厅，郎朗和王羽佳这两位青年钢琴家的名字听起来非常突兀。当古典音乐的范围扩展到前所未有的领域和范围，在数十亿灵魂当中，找寻到一些技艺超凡的钢琴家又有什么可奇怪的？

托马西尼曾用他对著名钢琴家阿尔弗雷德·科尔托（Alfred Cortot）80年前的录音点评，来解释自己的观点。他得出结论，科尔托“现在可能不会被茱莉亚音乐学院录取”，这应该不比让芬兰飞人帕沃·努尔米（Paavo Nurmi）组建一支学院一级田径队时遇到的困难更让我们吃惊。一亿人中的佼佼者几乎无一例外地要比百万人中的佼佼者更强。

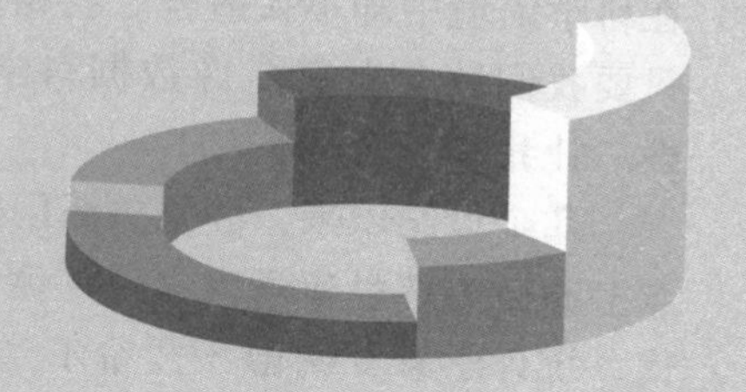

第3章

幸福与因果推理[⊖]

⊖ 在此，感谢鲁宾的鼓励和许多有益的意见和解释。

我亲爱的老朋友亨利·布劳恩（Henry Braun）将数据科学家描述为擅长处理数字，性格却不适合做会计的人。我喜欢这种模棱两可的表述，这隐约让我想起一个邻近住宅开发项目附近的广告标语，“从未有过，以少换多”㊀。尽管模棱两可在幽默的表述中备受推崇，但在科学语境中却不太适合。我相信，虽然有些模棱两可不可避免，但只要我们教会大家能像数据科学家一样思考，就可以避免一些模糊性。让我举一个例子。

几个世纪以来，因果关系问题一直困扰着思想家们，而现代的观点多源自苏格兰哲学家大卫·休谟（David Hume）。自20世纪20年代，统计学家罗纳德·费希尔（Ronald Fisher）和耶日·奈曼（Jerzy Neyman）开始对这个话题提出新的见解，但在过去的40年间，从鲁宾（Rubin）无法溯源的1974年论文开始，科学和因果推理之间清晰而明确的关联就产生了爆炸式的效应。在对这一古老话题进行现代化探索时，统计学研究的标志性事件是保罗·霍兰德（Paul Holland）于1986年发表综合性论文《统计学与因果推理》，该论文奠定了他所阐释的“鲁宾因果推理模型”的基础。

原因不明，结果却众人皆知㊁

奥维德（Ovid），变形记，IV c. 5

鲁宾模型中的一个重要观点是，如果以果溯因太过困难，那么科学可以通过测量其因果效应来体现其自身的价值。因果效应是什么？它是某种条件下可能产生的结果与非该条件下可能产生的结果之间的差距㊂。后一种情况属于反事实，因此不可能被观察到。换个更抽象的说法，因果效应是实际结果和未观察到的潜在结果之间的差异。

㊀ 译者注：由于原文省去了形容词后面的名词，还可解读为“从来没有花费如此之多却得到如此之少”。

㊁ 原文是拉丁文，英文翻译是：The cause if hidden，but the effect is unknown.

㊂ 休谟对因果最知名的定义是“我们可以将原因定义为一个后面跟随了其他对象的对象，而且所有的对象（类似于第一个对象）后面都跟着类似于第二个对象的对象；而且如果第一个对象不存在，那第二个对象就永远不会存在。”注意，带下划线的句子表明，反事实进入了讨论范围（1740年，作者强调）。

反事实永远不可能被观察到，因此，对于个人而言，我们永远无法直接计算因果效应的大小。我们所能做的是计算群体的平均因果效应。这一点可以通过随机抽样确保其可信度。如果我们将该群体随机分为实验组和对照组（选择对比明显的情况），那么我们有理由相信，若对照组不存在特别干预，我们在对照组中观察到的结果就应该是所有处理组处于对照状态时我们可以观察到的结果。**因此，处理结果和对照结果之间的差异就是处理条件的平均因果效应（相对于对照条件）的大小。**随机抽样是使这一结论可信的关键。但是，要使随机化成为可能，我们必须能够将处理或控制条件任意分配给任意特定的参与者。我们由此得出鲁宾[㊀]类似“保险杠标语贴纸”的简明结论，即“没有操控就没有因果关系”。

这个简单的结论有着重要的意义。这意味着一些变量，如性别或种族，不可能被认作有效的原因，因为我们永远无法随机分配它们。由此，“她个矮因为她是女人”这句话毫无因果意义，因为要测量作为女人的因果效应，我们需要了解她作为男人的身高。这一结论依赖理想化的假设，使其超出了实证讨论的范畴。

鲁宾和霍兰德的思想在统计领域的传播范围很广，但其在社会科学和人文科学中的传播却十分缓慢，令人大失所望，尽管其与之存在紧密的关联。唯一的例外是，在经济学领域非常重视是否能做出有效的因果推论。本章希望通过展示它们如何助力破解科学中的难题，通过评估因果箭头的指向，促进其在人文社科领域中的加速传播。或者更确切地说，我们将展示如何量化因果效应在每个指向的大小。最近，《美国医学会杂志》的一篇文章[㊁]中出现了类似的讨论，该文章提出的肥胖理论颠覆了主流观点。作者认为，有充分证据表明人们吃得太多是因为他们已经超重；而不是因为他们吃得太多而造成肥胖。显然，衡量这两个看似合理的因果效应的相对大小产生了巨大的现实影响。现在，让我们来讨论关于这个问题的不同案例，这里面蕴含了一些更微妙的内容值得讨论——学业表现对幸福感的影响以及幸福感

㊀ Rubin 1975，238 页。

㊁ Ludwig 和 Friedman，2014 年 5 月 16 日。

对学业表现的影响（见图 3.1）。

图 3.1　迪尔伯特卡通

（来源：由 AMU 转载）

幸福：原因与结果

关于人类幸福感（我称之为“幸福”）与某些认知性任务的成功（如学校成绩或考试分数）之间的关系，已有大量的研究文献。有些观察者认为快乐的学生在学校表现会更好（例如，快乐会带来更高的分数）；另一些观察家则指出，人在取得好成绩时会极其愉悦（例如，成绩越好就越幸福）。我们该如何解决这个鸡生蛋、蛋生鸡的问题？讨论这个问题之前，让我先回顾一下有关幸福研究的现状（我将尽我所能地进行梳理）。

有观点[一]认为，对好成绩的严格要求往往会导致负面情绪的产生。为了让孩子们觉得更幸福，这一“发现”建议学校应该放宽学业标准。由于该建议真实存在[二]，而且还正在被认真考虑，这就意味着我们关于因果箭头方向和因果效应大小的探讨，已经从理论层面上升到了实践的重要性的高度。

事实上，不少实证研究表明，幸福感与成绩之间存在正相关关系。这些证据到底有多可信？这对我来说是很难判断的，这些研究大

㊀ Robbins 2006。

㊁ 这个概念属于“快速观点”这一类别。快速观点是那些只有说快点才能让人觉得有合理性的观点。

多出现在一些诸如《幸福研究杂志》或《国际教育研究》的科学期刊上，而我对其科学严谨性一无所知。不过我确实注意到，有相当数量的跨学科研究表明，幸福感与学业成功之间存在着正相关关系㊀。但这些研究仍需警惕以下类似特点：

> 与任何基于关联证据的研究一样，我们在解释和概括研究发现时必须谨慎。**具体而言，即使事实上可能确实存在这一因果关系，但这些关联证据的性质并不支持被检验变量之间的因果关系。因此，有必要对现有研究中变量与变量之间的关系维度进行额外的深入研究**㊁。

如何做到谨慎？令人高兴的是，作者们为我们给出了详细的阐述：

> 性别和种族分布均匀的更大样本群，也会有助于强化研究结果，这正如从美国中西部以外地区进行抽样，或从更大规模的大学中选取参与者作为样本一样。

样本的特征是唯一的问题吗？2007年，奎因（Quinn）和达克沃斯（Duckworth）指出，我们所关注的因果问题可以通过“在前瞻性的纵向研究中”更好地探讨，他们也的确做到了。**纵向研究的价值可以追溯到著名的、休谟提出的因果关系标准。其中最关键的问题是，原因必须先于结果。**如果不收集纵向数据，我们就无法判断先后顺序。但这只是因果关系的必要条件，并不是充分条件。在奎因和达克沃斯的研究中，他们测量了学生样本的幸福感（以及一些背景变量），然后记录了学生的学习成绩。一年后他们又返回再次进行了测试。他们发现，“声称幸福感高的参与者更有可能获得更好的终评成绩”以及“高幸福感的学生倾向于继续体验更高的幸福感”。由此，他们做出了结论：“研究结果表明，幸福感和学习成绩可能互为因果关系。”

试图从横断数据中得出纵向推论是一项非常困难的任务。例如，我曾经根据在南佛罗里达州徒步旅行时所做的系列细致观察，构建了

㊀ Gilman and Huebner 2006；Verkuyten and Thijs 2002。

㊁ Walker et al. 2008。

一个语言发展假说。我注意到，大多数人年轻时主要讲西班牙语，而年老的时候，通常会转向意第绪语。于是我有意测试了这个假说，发现在当地商店工作的青少年大多说西班牙语，但也说点意第绪语。由此你可以看到语言使用发展的变化。

不难看出，**纵向研究获得的结果不太可能像横向研究结果那样，容易被人为因素影响。但是，不能仅凭纵向研究得出的因果结论存在的致命缺陷相对比横向研究少，就表明该结论可信。**我们还需要更多的证据，基于这点我们可以求助于鲁宾模型。

首先看这个观点：一个人做得好时比做得差时更容易成功。同时，相信快乐的人会做得更好，这也似乎并不牵强。这样的相关关系与奎因和达克沃斯的因果论并不矛盾。但这里的关键是定量而不是定性。我们能设计一个实验吗？在这个实验中，实验变量（如幸福感）是否可以被随机分配？

假设我们抽取一批学生作为样本，把他们随机分成两组，分别为A组和B组。我们现在可以用任何普遍接受的方法来测量他们的幸福感。接下来，对学生们进行一次测试，将A组所有学生成绩单上的真实分数都减去15分，并给B组每个学生的成绩单上加15分（这类系统处理不言自明，但现在这并不是讨论的重点）。然后，我们重新测量其幸福感。我几乎能确信，那些成绩比预期差的学生会比原来更不快乐，而成绩比预期好的学生则会有更快乐的体验。幸福感的变化量是处理条件相对于对照条件所引起的因果效应的量度。如果实验更全面，我们可以很容易计算出增加的分数和幸福感变化之间的函数关系。实验的第一阶段也到此结束。

第二阶段：现在有两组学生，其幸福感是随机的，因此我们可以进行一次相同的测试。我们可以计算从第一次考试（给出实际分数，而非修改后分数）到第二次考试的分数差。这一差异用来衡量幸福感对学业成绩的因果效应大小。实验第二阶段的分配概率取决于第一阶段的结果，通常被称为顺序随机或“裂区”设计[1]。

---

[1] Rubin 2005。

两个因果效应的大小之比显示了两种处理的相对影响。从这一实验结果中可以得出这样的结论："幸福感的增加对学业表现有类似的正向影响，但成绩提高对幸福感的影响是幸福感增加对成绩影响的十倍。"[㊀]这样一个量化的结果肯定比反复猜测因果箭头指向更有用、更让人欣慰。

结　论

即使只是粗略地阅读幸福感研究文献，也能发现研究人员想要的结论。通常，扎赫拉、卡其和阿拉姆（Zahra，Khak & Alam，2013：225）告诉我们，"研究结果表明，除了幸福感和大学生学业成绩之间的正相关和显著相关外，幸福感也可以解释 13% 的学业成绩变化"。你可以感觉到作者想要力图证明因果关系的渴望，他们其实也已经非常接近因果关系的论断了——当然可以以这种方式"解释"因果关系。但这类研究本身的性质往往不利于揭示人们所渴望诠释的因果关系。这些研究多数为观察研究，而另外一些则被归为"大街上搜集的数据"之列，但我还是有好消息。通过使用鲁宾的模型，我们可以设计出真正的实验研究，来解答我们提出的问题。此外，精确地描述真实或假设的随机实验（以测量需要研究的因果效应）的行为，也能帮助我们极大地阐明该提出什么样的因果问题。

而坏消息则是，这样的研究不像从街上收集现有数据并加以总结那么容易。不过，倘若正确地做出因果推论很容易，每个人都会如法炮制[㊁]。

㊀ 直觉上，这个结论是有合理性的，因为如果你不知道如何回答某个问题，即使更幸福，也不能改变你关于这个问题的知识储备。

㊁ 精确性很重要，请注意，第一阶段的处理并不是高分与低分的对比，而是高于预期得分与低于预期得分的对比。这种区别很微妙，却很重要。

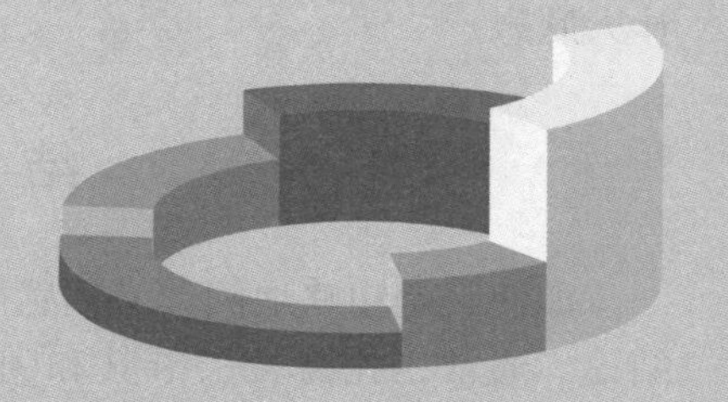

第 4 章

因果推理与死亡

第4章 因果推理与死亡

良愿成泡影，无论鼠类还是人类
都避不开灭灾
我们只剩下悲伤和痛苦
为了期许的欢乐！

——罗伯特·彭斯（Robert Burns，1785）

在第3章中，我们学习了如何在鲁宾因果推理模型指导下设计实验来测量可能的因果效应[㊀]。我用了一个解开幸福的因果谜题的假设实验来说明这一点。真的这么容易吗？简而言之，答案不幸是否定的。在现实世界中，鲁宾模型比我给出的幸福研究中所提到的模型更为复杂，也更为有用。在这一章，我们将深入到晦暗的实践世界，在那里，我们因果实验的参与者可能因不可控的原因无法继续参与。我展示了一般统计思维，特别是鲁宾模型，如何能照亮黑暗。现在，让我们慢慢来，给我们的眼睛一点时间去适应黑暗。

对照实验通常被认为是所有研究者都应追求的黄金标准，而观察性研究则相反，被轻视为“易于发现的、街上躺着的数据”。虽然我们极不情愿承认，但实际上两者常常很接近。杰出的统计学家保罗·霍兰德（Paul Holland）在谈到罗伯特·伯恩斯（Robert Burns）时指出：

所有的实验研究都是等待发生的观察研究[㊁]。

这对所有足够明智且重视它的人是关键的警示。让我们首先细细梳理一下这两种研究：

实验研究的关键是控制。在一个实验中，实施者应该控制：

（1）何为处理条件；
（2）何为替代条件；
（3）接受处理的对象；
（4）接受替换条件的对象；
（5）结果（因变量）是什么。

㊀ 本章可以看作 Wainer 和 Rubin（2015）一文的轻度改写版本。文中很多内容得益于 Peter Baldwin，Stephen Clyman，Peter Katsufrakis，Linda Steinberg，以及最重要的，Don Rubin 等人的帮助和建议，他们慷慨地指出了一些应用领域并提供了相关示例。

㊁ Holland，P. W. 著《个人沟通》，1993年10月26日。

而在观察性研究中，实验者的控制并不完整。让我们设计一个实验来测量吸烟对预期寿命的因果效应。假如开展实验，处理条件可能是每人每天一包香烟，持续一生。替换条件可能是不吸烟。然后，我们随机分配吸烟者或不吸烟者，确定因变量是他们的死亡年龄。

显然，这样的实验在理论上是可能的，但在实践中却不可行，因为我们无法随机分配吸烟者[㊀]。即使设计再优良的观察研究都存在这样典型的缺陷。研究人员可以寻找并招募每天抽一包烟的参与者，也可以招募不吸烟的参与者作为对照组。他们可以根据各种可观察到的特征（例如，两个群体中具有相同的性别/种族/民族/年龄组合）来平衡这两个群体。但是，只要存在一个与寿命有关的变量未得到测量，平衡就无法实现。当然，随机抽样从整体上为所有这些“潜在的缺失变量”创造了平衡。

这个例子说明了大多数观察性研究的缺点，即无法获得随机分组（普遍）能在实验中实现替代条件与处理条件之间的平衡。这也说明了为什么一项观察研究需要大量收集每个参与者的各项辅助信息，以便尝试实现所需的平衡。在一个真实的实验中，因为随机分配的缘故，这些信息（理论上）是不需要的。这里引入保罗·霍兰德（Paul Holland）的论述，他对不可避免的数据丢失所做的考察将进一步阐明我们的思路。

假设一些参与者退出了研究，他们可能搬走，不再出现在每年的调查；突然决定戒烟（处理条件）或开始吸烟（控制条件）；被卡车撞到或因其他与吸烟无关的原因无法参与。在这一基础上，随机性被打破了，我们必须尝试用观察研究的工具来挽救这项研究。如果我们没有先见之明，没记录对观察研究尤为重要的所有关键辅助信息、协变量，那么这样的拯救几乎是不可能实现的。

我们无法随机抽样，这使得过去缺失的变量误导了我们。长期以来，人们低估了肥胖程度对预期寿命的影响，因为去世的吸烟者往往

㊀ 这个实验是在动物身上进行的，因此，随机分配是可行的，但它从未显示出任何因果效应，可能因为容易获得的实验动物（如狗或老鼠）通常寿命不够长，不足以出现吸烟致癌的现象；而寿命足够长的动物（如乌龟）却无法被诱导吸烟。

比不吸烟逝者更年轻、更苗条。因此，需要同时考虑吸烟对预期寿命的负面影响和体重降低带来的好处。我们随机分配肥胖与否的实验是不可能的，而关于肥胖的影响的现代研究排除了有吸烟史的个体。

我曾经是白雪公主，如今我却消融在人群中了。

——梅韦斯特（Mae West）

很显然，即使最精心计划的人类实验，在现实世界实施时也可能受到干扰，尽管干扰暂时还未出现。但是，我们的实验目标并没有改变。问题很清楚：如有意外事件干扰数据收集，导致一些观测数据缺失时，我们如何估算因果效应？

让我们开始讨论一个用再多语言或数学手法也改变不了的基本事实[㊀]。

统计学再有魔力也无法在没有数字的地方变出实际数字

所以，当我们做实验过程中遭遇受试者退出的情况，也就是实验所需的一些重要材料（观察数据）缺失了，我们该怎么做？

有很多方法可以解决这个问题，但所有可信的方法都应该能告诉我们，答案的不确定性一定会增加，而且相对于完整数据得到的答案，这种不确定性更为显著。

冠状动脉搭桥手术：一个启示性的例子

当动脉阻塞无法保证血液供应，心脏不再有效工作时，该怎么治疗？50多年来，解决这个问题的办法之一就是冠状动脉搭桥手术。这一过程需要采集另一条血管并将之缝合，再接通到心脏的血液供应网络，绕过堵塞的血管。这种手术有很大的风险，对健康状况不佳的病人来说通常风险更大。在广泛推广这项手术之前，评估它对各类病人

㊀ 我怀疑该观点已经被很多预言家多次提及，不过，我的版本来源于统计格言王子保罗·霍兰德（1993年10月26日）。

有多大疗效非常重要。因此，让我们构建一个实验来测量这类手术对患者治疗后康复的因果效应。

（1）处理——除了采用药物、饮食和锻炼计划外，还进行搭桥手术。

（2）控制——采用药物、饮食和锻炼计划，但不进行搭桥手术。

（3）受试——从被诊断出有一条或多条动脉阻塞的群体中随机抽选出来两组作为受试。

（4）结果评估——我们将通过手术一年后的“生活质量”（QOL）评分，基于医疗和行为方面的测评，来判断手术干预是否成功。

实验一开始，我们就仔细研究了随机分组的有效性，以确保两组在年龄、性别、社会经济地位、吸烟史、初始生活质量，以及我们能想到的一切方面进行匹配。所有方面都检查完毕，实验开始。

> 人计划行动，天笑看结果㊀。
>
> ——古意第绪语谚语

随着实验的进行，部分病人去世了。有些在手术前死亡，有些在手术中死亡，还有一部分患者术后死亡。这些病人中没有一个能进行一年后的生活质量测评。我们该怎么处理？

第一种选择是从分析中排除所有生活质量缺失的患者，并继续进行，如同他们从未参与过实验一样。在对调查数据的分析中，我们经常采用这种方法，但这种处理意味着调查的回复率率可能只有20%，结果却被解释为它们代表了所有人。可以肯定这是一个错误，其带来的偏差大小通常与丢失的数据量成正比。一家公司对其员工进行了调查，试图评估他们“参与公司管理”的程度。报告指出，86%的受访者属于“参与”或“高度参与”。不过，他们还发现，只有22%的参与感强的人填写了调查问卷，这至少会让读者对未回应的78%的受访者的参与程度提出疑问。

㊀ 这句古意第绪语谚语的英文翻译是 Man plans and God laughs. 该谚语字面意思如上，隐含意义为人算不如天算。——译者注

第二种选择是为丢失数据估算赋值。比如，对于参与度调查中的未响应者，可以将其参与度赋值为零，但这种做法可能过于极端。

在搭桥手术中采纳这种方法看起来很有诱惑力，将每个死亡受试者的生活质量取值为零。但果真应当如此吗？对很多人来说，不管生活状态如何，活着总比死亡更好。然而，也有相当一部分人会不同意，他们认为"死亡"的生活质量评分应高于一些悲惨的生存状态，还通过生前定下意愿书，确认了自己的这种想法。

让我们首先分析该实验[㊀]的人造（却合理的）数据，详情见表4.1。

表4.1 观测数据

样本百分比	实验分组	结果	
		中期结果	最终结果（生活质量）
30	实验组	存活	700
20	实验组	死亡	*
20	对照组	存活	750
30	对照组	死亡	*

从该表我们可以推断，接受治疗的患者有60%的存活率，而接受控制组条件的患者只有40%的存活率。因此，我们可以得出结论，在次要的生存变量上，处理条件优于对照条件。但是，对于那些存活的患者，接受控制条件患者的生活质量却高于接受治疗的患者（750对700），很有可能表明手术治疗并非没有代价。

我们可以很容易地从几十个统计软件包中的任意软件获得以上两个推论，但是却仍有风险。按毕加索的观点，对于某些事情来说，"计算机是毫无价值的，它们只会给出计算结果。"在计算并根据计算得出结论，似乎才是明智之举。

我们可以因为治疗组和对照组做到了随机分配而相信这个实验得到的关于生与死的结论。因此，相对于控制组，我们可以有根据地估计实验组相对于控制组在存活率上的因果效应为60%对40%。

但是，当我们考虑生活质量时随机化不再完全有效干预，导致如果我们得出结论说治疗使QOL降低了50个点，这会是错误的。

㊀ 本例取自鲁宾（2006年）的案例，仅做了微调。

鲁宾的模型给我们提供了清晰的指导。记住鲁宾模型的一个关键部分是潜在结果的概念：在实验开始之前，实验的每一个受试者在实验条件下都有一种潜在结果，在控制条件下则存在另一种潜在结果。这两种结果之间的差异可能就是实验的因果效应，但我们只能观察到其中一种结果。这就是为什么我们只能在两个实验组的平均值基础上给出一个总体的因果效应，而随机分配受试进行实验会使得结论更为可信。

搭桥实验中有一个我们已经计划好的结果指标，即生活质量评分，还有一个中间结果，即意料之外的生存或死亡。因此，对于每个参与者，我们需要观察他们术后能否存活。这意味着参与者可以分为四个概念类别（或层次），即：

1. 无论接受处理还是控制条件都存活；
2. 实验条件下存活，但控制条件下死亡；
3. 实验条件下死亡，但控制条件下存活；
4. 实验条件下死亡，控制条件下亦死亡。

自然，这四个生存类别中的每一项都被随机分为两组：实际上接受了手术治疗的组和接受了对照，条件的组。

由此，对于第1类，我们可以观察他们的生活质量分数，而不管他们在哪个实验组。

对于第2类，我们只能观察接受治疗者的生活质量，同样对于第3类，我们只能观察对照组的生活质量。第4类受试者，可能他们多由非常脆弱的个体组成，我们无法观察到任何人的生活质量。

表4.2中的汇总清楚地表明，如果我们简单地忽略那些死亡的受试者，意味着我们只比较了（a）和（b）组和（e）和（g）组的生活质量。我们忽略了组（c）、（d）、（f）和（h）中所有的受试者。

表4.2　根据中期实验数据（存活/死亡）的潜在结果所做的分类

存活情况分类	实验条件	
	处理条件（治疗）	控制条件
1. 治疗条件下存活 – 控制条件下存活（LL）	a – 生活质量	e – 生活质量
2. 治疗条件下存活 – 控制条件下死亡（LD）	b – 生活质量	f – 无生活质量
3. 治疗条件下死亡 – 控制条件下存活（DL）	c – 无生活质量	g – 生活质量
4. 治疗条件下死亡 – 控制条件下死亡（DD）	d – 无生活质量	h – 无生活质量

在这一点上，有三件事很清楚：

1. 鲁宾关于潜在结果的观点，能帮助我们严谨地思考关于实验结果的分析具有何种特点。

2. 只有从第1类受试者中，我们才能就治疗对生活质量的平均因果效应做出明确的估算；只有在这一重要类别中，随机样本所产生的生活质量数据，是接受了两种实验条件中的任一种时未受到死亡事件干扰的情况。

3. 到目前为止，我们还无法确定接受手术的病患会属于第1类还是第2类，或接受控制条件的对象属于第1类还是第3类。除非我们能做出这个判断（至少就平均数而言），否则我们的见解并不完全具有实际意义。

让我们暂时回避第3点带来的困难，并考虑一个超自然的解决方案。具体而言，假设发生了一个奇迹，有个仁慈的神决定帮助我们完成任务，带给我们所需要的数据结果[⊖]。这些结果总结在表4.3中。

表4.3　真实结果（部分未能观测到结果）

样本百分比	存活情况分类	实验组		控制组		生活质量的因果效应值
		存活或死亡	生活质量	存活或死亡	生活质量	
20	LL	存活	900	存活	700	200
40	LD	存活	600	死亡	*	*
20	DL	死亡	*	存活	800	*
20	DD	死亡	*	死亡	*	*

我们可以轻松地将表4.3进行扩展，以明确发生了什么（见表4.4）。其中表4.3的第一行被分成两行：第一行代表接受了处理条件的参与者，第二行代表接受控制条件的参与者。其余列相同，除了有一些记录（斜体）是反事实，即实验中如果把他们换成另一种条件会发生什么。它还强调，只有从第1类的两个潜在结果中，我们才能估计出因果效应的大小。

⊖ 不幸的是，提供了表4.3分类的仁慈之神并没有为我们提供所有实验参与者的生活质量评分，但这就是奇迹常有的运作方式，我们不应该忘恩负义。历史充满了不完整的奇迹。

表 4.4 按实验分组得到的真实结果（部分未能观测到结果）

样本百分比	存活情况分类	分组	实验组		控制组		因果效应值
			存活情况	生活质量	存活情况	生活质量	
10	LL	实验组	存活	900	存活	*700*	200
10	LL	控制组	存活	*900*	存活	700	200
20	LD	实验组	存活	600	死亡	*	*
20	LD	控制组	存活	*600*	死亡	*	*
10	DL	实验组	死亡	*	存活	*800*	*
10	DL	控制组	死亡	*	存活	800	*
10	DD	实验组	死亡	*	死亡	*	*
10	DD	控制组	死亡	*	死亡	*	*

这一扩展使我们更清楚地了解，哪些分类数据为我们提供了治疗（LL）带来的因果效应的明确估计，哪些却不能。这也说明了为什么包含来自 LD 和 DL 分类不平衡的生活质量数据误导了我们关于控制条件对生活质量的因果效应更具优势的理解。

在生活中，我们不可能指望出现奇迹，也不可能考虑奇迹……

——康德（1724—1804）

鲁宾的模型（用以澄清我们的思维）和一个小奇迹（提供需要的信息来理清思路）的结合，引导我们得出了正确的因果结论。不幸的是，正如康德（Kant）曾明确指出的那样，虽然奇迹在遥远的过去可能经常出现，如今却异常罕见，我们不得不另觅他处以求权宜之计。

如果没有偶然而又便捷的神迹，我们如何为估算出治疗的因果效应进行数据分类？这里，可以借用保罗·霍兰德（Paul Holland）的格言。**如果我们设计实验时足够明察秋毫，就会认识到一些可能发生的状况，因此收集的额外信息（协变量），在任何出现了随机性被干扰的情形下，也仍可以帮助我们。**

这样的辅助信息是否有用？让我们考虑一些假想的，但耳熟能详的医患对话场景。这些对话可能发生在治疗过程中。

1. “弗雷德，除了你的心脏，你很健康。虽然我认为你目前没有任何危险，但手术会大大改善你的生活。”（LL）

2. “弗雷德，你有麻烦了，如果不做手术，可能康复希望不大。但你的身体状况允许手术，我们认为你很适合进行手术。（LD）

3. “弗雷德，由于我们已经讨论过的具体原因，我认为你术后存活率不高，但你的身体状况足够好，通过药物治疗、饮食和休息，我们可以让你做好准备，便于将来某个时候你能够足以承受手术。”（DL）

4.（对弗雷德的家人说）“弗雷德身体很差，我们无能为力。我们认为他不能做手术；但不做手术，对他而言，病入膏肓只是时间问题，对不起。”（DD）

显然，每一次谈话都涉及医生对手术前后可能性的预测。这样的预测均基于以前的病例，在这些病例中，患者的各种健康指标都被用来估计其术后存活的可能性。这样的预测因素系统的存在使得我们不用借助超自然的力量就能够做出患者存活率的分级。

让我们用实验开始时参与者健康状况测评的生活质量得分，作为一个简单的预分配预测因子来预测其生存分层。我们会在参与者事后分配退出机会之前获得数据。

表4.5与表4.4主要存在两个方面的明显差异。首先，表4.5包括每个参与者的生活质量初始值；其次，确定存活率层级中有哪些患

表4.5　在表4.4基础上添加关键协变量“初始生活质量”

初始生活质量	样本百分比	存活情况分类	分组	治疗组		控制组		因果效应值
				存活情况	生活质量	存活情况	生活质量	
800	10	LL	实验组	存活	900	存活	*700*	200
800	10	LL	控制组	存活	*900*	存活	700	200
500	20	LD	实验组	存活	600	死亡	*	*
500	20	LD	控制组	存活	*600*	死亡	*	*
900	10	DL	实验组	死亡	*	存活	*800*	*
900	10	DL	控制组	死亡	*	存活	800	*
300	10	DD	实验组	死亡	*	死亡	*	*
300	10	DD	控制组	死亡	*	死亡	*	*

者的身体状况取决于协变量的值与中间结果（生存/死亡）的关系，而不是基于某位仁慈的神的突发奇想。更具体地来说，将个体参与者分组，并根据他们的初始生活质量分数进行分层，并不需要奇迹。

那些生活质量得分非常低（300）的患者情况非常糟糕，无论是否接受治疗，都无法存活；那些生活质量得分高（800）的患者，无论是否接受治疗，都会存活下来；那些生活质量得分中等（500）的患者身体状况堪忧，只有接受治疗才能存活，不接受治疗，就会死亡；最后，那些生活质量分数非常高（900）的患者会比较困惑，如果不治疗，他们的生活质量会下降到800，这仍然不算太糟，但如果接受治疗却死亡，确实是个意外的结果，需要与他们的医生和家人进行随访找出可能的死因，或许因为术后自我感觉良好，以至于参加了一些极不明智、过于激烈的活动等。

小　结

在过去，一个理论仅依靠外表华丽就能合理存在，而在现代世界，一个成功的理论必须依靠践行才能合理存在。

1. 在实验分组之前，每个受试都存在两种可能的结果——治疗条件下的结果和控制条件下的结果。

2. 治疗的因果效应（相对于对照组）是这两种潜在结果之间的差异。

3. 美中不足的是我们只能观察其中一个结果。

4. 我们通过估计平均因果效应来解决这个问题，并且按照随机分配做出可信的假设，即我们在对照组中能观察到的现象，在治疗组中如果没有接受治疗同样也能观察到。

5. 在我们测量因变量（生活质量 QOL）前，如果某人去世（或搬走、或中彩票、或其他阻止其赴调查的因素），我们实属运气不佳。因此，唯一能够提供因果关系估计的是那些本应接受治疗条件和本应接受控制条件的病患，其他人不能提供我们所需的信息。

6. 那些在治疗后存活，但控制条件下却无法存活的受试者并不能提供帮助；同样，那些在治疗后死亡，但是控制条件下却能存活的受试者也没法提供帮助。当然，在这两种情况下都会死亡的受试者也无益于调查。

7. 我们只能从那些在两种情况下都能存活的病患那里得到对治疗的因果效应的估计。

8. 我们无法观察他们是否会在这两种情况下都存活下来——只能在他们被分配的条件下进行观察。

9. 为了确定他们是否能在反事实条件下存活，我们需要使用额外的信息（协变量）来预测结果。

10. 如果这些辅助信息不存在，或不足以做出足够准确的预测，我们就会陷入困境，即使再多的呐喊和尖叫也无法改变事实。

结　　论

在这一章中，我们走进了现实世界，而在现实世界中，即使是随机的实验也很难做到正确分析。尽管我们采用了死亡这个非常戏剧性的原因来解释数据无法收集的情形，但在不那么可怕的情况下，我们所描绘的情形还是经常发生。例如，有一次将新药与安慰剂比较的随机性医学实验中，就出现过类似状况。当病人病情恶化很快，就使用抢救疗法（一种标准的、已经批准的药物）。正如我们在此证明的和当时的那种情况，我们应该将新药与安慰剂放在不需要抢救的患者子集中进行比较。

鲁宾模型提供的清晰思路及其对潜在结果的强调，能够帮助我们避免误入歧途。在这里，我们只是讨论了许多这种情况中的少数案例。我们也强调了协变量信息的重要性，它提供了数据分层的路径，以便我们正确地估计因果效应的真值。为了有力和简洁地描述，我们使用了一个非常好的协变量（初始 QOL 得分），并能明确地对个体受试进行分类。这种协变量虽然很受欢迎但很少见。如果这些辅助信息不合适，我们还需要使用另外的技术，但由于这些技术通常较为复杂，不适合在本章进行讨论。

我们在这次练习中学到的是：

（1）表4.1就治疗对生活质量影响的因果效应的简单估计是错

误的。

（2）通常情况下，对因果效应进行合理估计的唯一方法是，通过潜在结果对研究参与者进行分类，因为只有在治疗条件或控制条件下都能存活的参与者所组成的存活类别中，才能得出这种明确的估计。

（3）确定每个参与进的生存层次只能通过辅助信息（这里指他们的初始 QOL）来完成。生存层次和这种辅助信息之间的联系越弱，因果效应大小估计的不确定性越大。

这是个为了特定目的而特意设计的例子，尽管形式简化，但包含的核心观点是正确的。因此，对于那些想要深入探究的人来说，就没有必要重新学习已经讲过的内容了。

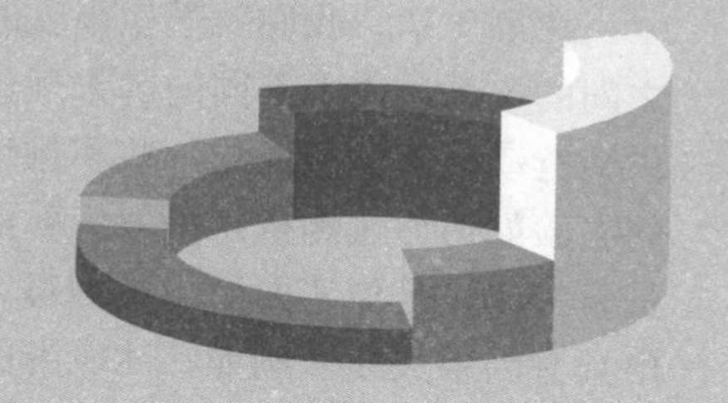

第 5 章

实验回答四个恼人的问题

无证据的言论尽可以随意推翻[一]。

引　言

在第3章，我们就学生高度的自我效能感（幸福感）与学习成绩之间的关系讨论了不同的因果理论。但只要选取其中的一种，并开始付诸行动，就可能导致一些不愉快的结果。我们还认识到，一个简单的实验如何通过测量因果效应就能提供证据，帮助我们甄别各种观点是事实或只是似实而已。我们每天都会面对各种关系，其中有些被指出具有因果关系。例如，冰淇淋的消费量与溺水次数之间就具有高度的相关性。一些盲从的人在获悉两者之间的相关性后，便会毫不犹豫地建议严格限制冰淇淋消费，特别是严格限制儿童吃冰淇淋的数量。还好，值得庆幸的是，头脑冷静者占大多数。他们会指出，**这种相关性是由第三个变量引发的**，即天气的温暖程度。天气暖和时，会有更多人食用冰淇淋，也自然会有更多人去游泳，因此溺水的可能性当然就放大了。尽管两者看上去关系紧密，但我们可以肯定的是，无论是冰淇淋消费还是溺水都不会导致天气变暖。我们也可以通过设计实验来证明这一想法，但似乎没有这个必要。

有人指出，开灯睡觉的婴儿长大后更容易近视，便大放厥词，建议新生儿父母在婴儿睡觉时关灯。直到后来大家才发现，近视具有很强的遗传性，而且，近视的父母更偏好开灯睡觉。这里，我们可以再次指出，一组对照实验，即便实验规模再小，即使实际操作比较困难，但帮助我们弄清因果关系的方向和因果效应的大小却是可能的。

最后一个例子，请大家思考一个众所周知的事实，即已婚男性的平均寿命要比单身男性的寿命长。普遍的因果推论是，女性的关爱和她所带来的健康生活规律会延长男性寿命，这一点似乎通过观察便可获知[二]。实际上，**该因果关系可能是反向作用的结果**。更容易吸引女

[一] 这是克里斯托弗·希钦斯（Christopher Hitchens）译过的一句古老的拉丁谚语，“如果没有证据就可以提出的观点，也可以无须任何证据就将其驳回。

[二] 至少曾有一个幽默的人说过，已婚男子的寿命并没有变长；只是感觉上好像更长了。

性的男性普遍都更健康、更富有，因此，寿命也呈现出更长的趋势。而健康状况和发展前景堪忧的男性娶妻则会遇到困难。

这些例子都表明，通过数据观察得出的因果结论往往会带来疑惑和问题。数据量再大也不会消除混淆因果关系的可能，尽管铺天盖地的“大数据”的宣传不断地让我们相信数据量越大，出错的可能性越小。但显然，即使我们增加数据量，将几十个案例提升至几百万个，溺水和吃冰淇淋之间这种因果关系的错误并不会减小。就像一位业余木匠抱怨，手中的木板太短，于是尝试多锯几次来延长它。但无论他据了几次，那块木板本身的长度限制仍然存在，他永远无法通过锯木的次数来真正改变木板长度。

海量大数据要淹没战胜假象所需的、正确的怀疑态度实在是太容易了。如今，我们大部分时间都离不开庞大的电子存储系统，因此，为任何话题存储一个 TB 的数据都轻而易举。如果当某个假设背后有海量数据点做支撑时，我们又如何能出错呢？

让我把数据和证据做个区分。**数据可以是您拥有的任何东西**：鞋码、银行存款结余、设备功率、测试成绩、卷发程度、皮肤反射率、家庭人数等。而证据的范围就要小得多。**证据通常关联一个观点，并具有两个重要特征，无论支持还是反对某个观点，这两个特征都决定了其作为证据的价值：（1）证据与观点之间的相关程度（证据的有效性）；（2）证据的数量（证据的可靠性）。**

2015 年 3 月 5 日，位于曼哈顿东区的 116 公立学校的简·许（Jane Hsu）校长宣布，从今以后，禁止给五年级或更低年级的学生布置家庭作业。她将教育政策的变化归咎于家庭作业带给学生的“公认的”负面影响。有什么证据可以证明这一观点呢？就该问题而言，想要提出两个相反的论点很容易。我敢肯定简·许校长一定接到过家长们的电话，抱怨自己的孩子没时间参加课外活动。在面对乘法口诀表、足球训练和芭蕾舞课等众多任务时，家长和孩子一样喘不过气来。而反方观点则会认为，很难想象一位篮球教练会禁止他的队员练习罚球，或者一位钢琴老师不要求学生练习音阶，更不用说老师会要求学生训练阅读能力，还有学习数学知识了。有关家庭作业对幼儿造成负面影响的观点，不论持支持还是反对的态度，现在所给出的证据都只是大家的争论而已。只有符合了证据的两个重要特点才能判定各个观点的效力，即其有效性和可靠性。

这种情况下，住在公立学校116学区的人点击谷歌旅游和娱乐网站的次数仅仅是数据，而绝非证据，即使拥有数以百万的点击量，其作为证据的价值也不会更高。

与其盲目地收集大量数据，不如收集少量经过深思熟虑的证据。试想一个小实验，我们从公立学校116学区中选择了一些二年级班级，并随机指定每个班一半的学生每周在家读书1小时，而另一半则可以做他们想做的任何事情。一个学期后，我们比较两个组在阅读分数上的增长情况。如果发现有阅读作业的小组分数更高，那就证明课后布置阅读作业是颇有成效的。如果再进行类似的研究，让学生每周学习数学1小时，倘若结果类似，也会有力地证明布置家庭作业将有助于该年龄段儿童的学习。如果许多学校都重复相同的实验，并得到相同的结果，该观点的可信度将进一步提升。当然，这个实验并没有谈到家庭作业会导致学生和家长压力增加的问题，但毫无疑问的是，倘若想要确认，仍然能通过实验证明。

我的观点及本章剩余部分（以及本书的大部分内容）的观点是：**要判断是否为因果关系，只要精心设计一个小型实验，就可以得出一个可信的结果，从而可以避免收集大量的、毫无意义的数据之苦**[㊀]。

我 的 梦

我经常梦到自己参与了一次审判，从原来的证人身份变为法官身份。这个梦和一名残疾考生有关，他要求考试机构多安排一些考试时间。在仔细研究了该考生提交的证明材料后，考试组额外给了她50%的考试时间，但她仍觉得不够，并请求更多时间，却遭到了拒绝。她上诉程序的最后一步正是我主持的听证会。考生声辩，由于身体缺陷，她至少需要标准考试时间的两倍时间。考试机构并不同意并表

㊀ 尽管causal（因果的）和casual（随意的）两个单词拼写形式相似（仅元音有所不同），但得出因果关系的得出绝不能依靠随意的数据收集。

示，专家们认为延时 50% 足矣。

给予残疾人更多的考试时间是为了公平，使他们可以享受公平的待遇。尽管公平很重要，但是我们也不希望提供过于宽裕的考试时间，而让残疾考生享有优势，反过来又对其他考生有失公允。双方都认为这不是一个定性的问题，所有考生都理应有一定的合理作答时间。这种情况涉及的关键问题是量化问题，即“到底需要多少时间才足够?”㊀。

当我坐在法官席思考这两种观点时，我深感责任重大。突然，我想到一个多世纪以前，福尔摩斯和约翰·华生有过这样一段对话，华生问这位伟大的侦探究竟什么让他能发现别人察觉不到的线索，福尔摩斯回答说：“华生，你知道我的方法，你认为呢?”。

在过去的 40 年，我有幸与两位现代大师保罗·霍兰德（Paul Holland）和多恩·鲁宾（Don Rubin）共事。尽管我无法取代他们就像华生无法取代福尔摩斯，但我熟悉他们的行事方法。

因此，我独坐在法官席上，尝试用那些方法找到解决方案。

问题的关键就在于因果推论——在这种情况下，处理条件是考试的时长，而因果效应就是考试时间增加与分数提升之间的关系。一旦开始测量其效应，就需要确定分数提升多少比较恰当。如果以这样的表述方式提出问题，用以获得答案的研究设计就能直入主题：将考生随机分配，考试时间分为长短不一的几个时段，再观察考试时间长短与分数之间的关系。弄清了考试时长与分数之间的关系，就能帮助我们决定考试所需要的时间。此外，它还可以表明确定准确考试时长的重要性。比如，如果我们发现当考试延时 50% 之后，学生分数开始保持不变，那考试机构尽可以允准残疾人士要求的考试时间，而不用担心是否会有失公正或质疑考试评价效力的问题。

这一系列的推理促使我询问考试组织机构的代表，“考试时间和分数之间是什么关系?”他们说他们不能确定，但可以肯定的是这一关系呈现出单调递增的趋势，即拥有更多的考试时间就意味着更高的分数。

㊀ 就其最为普遍的阐释意义而言，这是我们这个时代最重要的存在性问题之一，我还是将这个伟大的问题留给他人来探讨。

我心想，这只是个开始，并不是个答案。然而，论证是否一定需要实验？精心设计并开展该实验都需要不少时间，也许考试机构没有充足的时间来完成这些工作。这就引出了我的第二个问题："你们为这个考试提供额外时间作为特殊照顾（适应性措施）有多久了？"

他们回答："大约15年。"

我点了点头，说："你们明明有足够的时间做研究，并找到结果，但你们却没有这样做，因此，我宣判原告（考生）获胜。"

可惜的是，现实生活常常不像梦境那样令人满意。

实验在回答因果问题中的作用。

进行医学研究时，人们一直认为只有随机分配的对照实验才是证据的"黄金标准"。随机分配会使关键假设更为可信，因为实验组和对照组的所有其他变量（测量值和未测量值）都是相同的（平均而言）。没有这样的假设，我们就无法确定观察到的治疗结果有多少是治疗引起的，又有多少是我们未曾考虑到的组间内在差异引起的。

当然，随机分配并不总是可行的，比如在观察性研究中，我们有大量的文献探讨了如何使实验组和对照组之间无差异的假设变得合理㊀。但是，**即使观察性研究做得再完美，也只能接近但仍然达不到随机性给人们带来的可信度，因为随机性可以确保不会遗漏掉任何一个可能导致实验结果差异的第三方变量。**

尽管人们对随机性这一方法十分认可，但在教育领域中却很少使用它。不过，如果能在重要问题上恰当地运用这种方法，它就可以为我们答疑解惑。比如，田纳西州对低年级班级规模的研究（许多地区都对这一研究进行过讨论），而莫斯特勒（Mosteller）1995年给出了清晰且全面的阐释，提供了可信的答案，因此成为了教育研究的优秀作品。

为了推广这一高效的方法，让我举四个不同的示例说明如何使用它。其中两个例子已经做过实验，但对于类似问题，研究人员仍可以

㊀ 在一项实验性研究中，研究人员会确定研究的所有方面：什么是实验组，什么是对照组，以及因变量是什么。在一项观察性研究中，往往缺少对这些因素进行单个或多方面的控制。最常见的情况是，实验组往往是自主选择的（例如，为了衡量吸烟对健康的影响，我们可以将吸烟者与不吸烟者进行比较，但人们不是被分配为是否吸烟，而是可以选择吸烟或不吸烟）。

利用它做出更多探索，毕竟还有很多未解之谜等待发掘。

问题一：为残障考试提供便利

在本章开头，我梦中的实验已经奠定了基本思路。低剂量外推法和这一概念非常相似，低剂量外推法在药物功效研究中很常见，并广泛用于所谓的德莱尼条款（Delaney Clause）研究中。该条款禁止在食物中添加任何致癌的食品添加剂。而我们面临的挑战是如何通过构建一个剂量—反应曲线来评估一种疑似致癌物的添加剂。为此目的，实验者将实验动物随机分为几组，给每组添加不同剂量的添加剂，接着记录肿瘤数量与剂量之间的关系。这是个好主意，但是，日常生活中我们很少发现因添加剂致癌的情形。因此，为扩大实验效果，我们考虑让第一组每天的摄入量约等于 20 瓶低糖汽水的人工甜味剂总量；第二组每天约等于 10 瓶；第三组可能相当于每天 5 瓶。尽管如此大剂量似乎不切实际，但却会加强添加剂可能致癌的效果。基于该实验的结果，我们将剂量和反应结果拟合成函数，并推断出致癌的最低剂量，这就是低剂量外推法。

这种方法可以帮助我们找到必要的且对大众都公平的考试时间。实验将对无生理缺陷的考生进行抽样，并随机给他们分配考试时长，例如正常的考试时间，正常时间加上 25%、加 50%、加 100%、加 200%，甚至不限制时间。随后进行测试，并跟进每组的平均分（或者取中位数），将考试结果与某种连续插值函数联系起来。借助插值函数，让考生想考多久就考多久，并预估他们在不限制时间条件下的考试分数（或者，如有需要，也可以预估在任何指定时间内完成考试的分数）。当然，这样的函数用于残疾考生并不恰当，但是我们可以让需要时间宽容（的残疾考生）不受时间限制。然后，将这些考生的得分与预估的其他正常考生的渐近得分进行比较，如此就能公平地对所有应试者进行比较，因此也无须对非标准条件的考试分数进行特别标示[1]。

在这个过程中可能还有一些实际问题需要解决，但是该方法为解

[1] 更多详细信息，请参见 Wainer 2000 和 Wainer 2009 中的第 7 章。

决难题提供了经验性解决方案的框架。

实验设计非常重要。如果我们改为使用观察性方法，即只跟踪每位考生考试用时以及他们得分多少，我们可能会发现用时最少的考生得分最高，而用时最多的考生得分却最低。然后，我们就会得出这样一个结论（其实不可能得出结论）：要想提高考生分数，我们应该缩短考试时间。2003 年，受此种推理影响，研究员罗伊·弗里德（Roy Freedle）认为，我们可以通过提高标准考试的难度来减少种族差异。此方法后来被戏称为**弗里德谬误（Freedle's Folly）**，用以纪念这一方法的功效[一]。

在 2000 年 10 月的 SAT 考试中，我们进行了一次实验，随机分配给考生不同的考试时间[二]。SAT 考试中对每个部分的考试时间有限制的情况促成了一个明智的方案。在实验中，我们对语言考试有 25 题的那一部分内容（不纳入考生分数）进行了修改，随机分配给有些考生多考 2 题，有些多考 5 题，第四组则多考 10 项。但是我们只对主要的 25 项进行评分。显然，被分配题量越大的考生在每一道题上的用时会更少。数学考试时，也进行了类似的操作。由此得出的结论不仅重要，还极具启发性。他们发现在考数学部分时，分配的时间越多，得分越高，虽然在得分的分布上并不均匀（见图5.1）。对于那些 SAT－M 得分为300 的考生，给再多的时间都没用。而对于得分为 700 的考生来说，增加 50% 的时间可以提高 40 分左右。于是可以得出推论，能力较强的考生如果有足够的时间，有时可以破解难题，而能力较弱的考生就比较尴尬了，无论给多少考试时间，对他们的分数影响都不大。

语言部分的考试结果（见图 5.2）给出了不同结论，但对我们同样有启发意义。事实证明，额外的考试时间对这部分分数几乎没有影响。这意味着可以任意给定考试时间，而不必担心对部分考生不公。

当然，这样的研究不仅可以用于确定考试所需时间，还可以用于研究考试速度，[三]并且定量分析答题速度对分数的影响。[四]

㊀ 参见 Wainer 2009 中的第 8 章。

㊁ 参见 Wainer 2004；Brideman，Trapani 和 Curley 2004。

㊂ 限时测试是指相当一部分应试者没有足够的时间来回答 95% 的项目的测试。

㊃ 为了研究这些方面，2004 年引起了 ETS 研究员 Brent Bridgeman 及他的同事对 GRE 的研究以及 Brian Clauser 及他的同事在医疗执照考试方面尚未发表的工作。

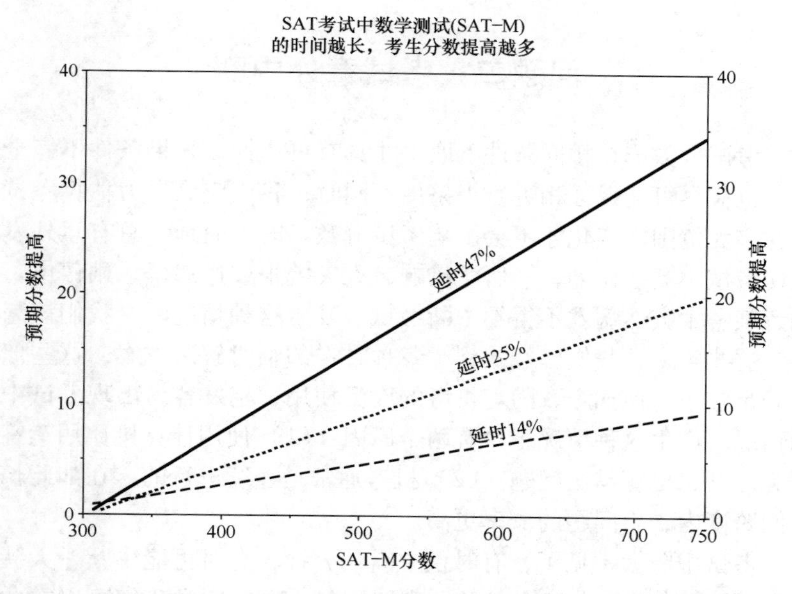

图 5.1　不同实验长度的数学测试相对于标准时长测试可以预期提高的分数

结果主要基于合理的可操作的 SAT－M 考试分数得出

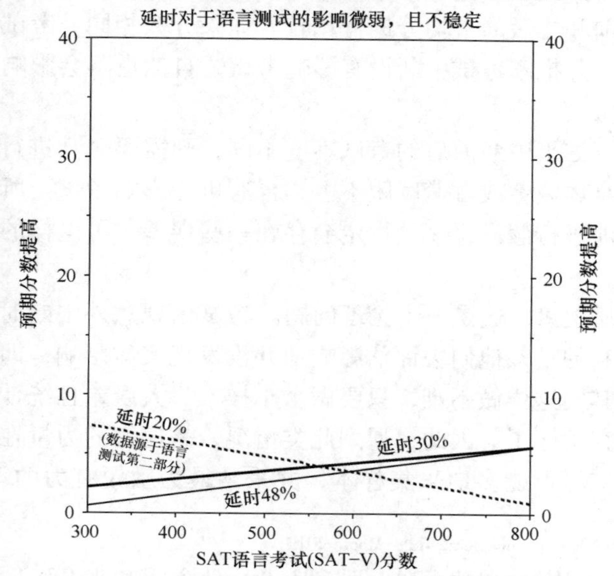

图 5.2　延长 SAT－V 考试时间似乎没有任何稳定或实质性的影响

问题二：考试意外中断

考试分数应在相同条件下取得才具有可比性，如果条件不完全相同，也应尽可能保证相近。当条件不同时，我们应该尽力估算考试条件在多大范围内变化才不会影响考试分数。时不时地，总有意外发生迫使考试中断。比如，一所学校响起火灾警报或遭遇暴风雨停电，又或者某考生突然病发不得不中断考试。发生这种情况时，我们该怎么办？这些年来，我们已经找到了各种各样的临时解决方案，这些似乎已经足够了。但如今，随着机考的广泛使用，越发容易出现考试中断的情况。产生这种情况至少有两个原因：（1）使用计算机比用笔答题更为复杂，更容易出问题；（2）机考通常是连续进行的，在如此长的时间跨度内，出问题的概率更高。

考试中断太常见了，有时仅中断几分钟，有时可能中断一天甚至更长时间[㊀]。发生类似情况时，我们该怎么办？通常我们可以在此类状况发生后，试着去衡量考试中断所带来的影响[㊁]。这类研究往往会将中断之前和之后的平均分进行比较。如果分数相同，考试组就会长舒一口气，并推断考试中断没有影响考试，自然也不会影响分数的有效性。

当然，如果中断前后的考试难度不同，则需要对其进行调整。同样，考生身体疲劳或者速度跟不上，也有可能影响考试。所有这些调整都要提前进行假设，而且肯定会存在一些误差。可这样的方法足够合理吗？

从本质上讲，这是一个伦理问题。考试出现意外中断时，对考试机构最有利的是，他们去评估影响却并没发现实质影响，即接受无影响假设。其实这样做不难，只要做个小样本、大误差且统计方法不佳的劣质研究就够了。因此，遇到此类情况，是道德的力量在驱使我们做研究时应尽可能多地采集样本，并采纳最为敏锐有力的设计方案。

㊀ Davis 2013；Solochek 2011；Moore 2010。

㊁ Bynum，Hoffman 和 Swain 2013；Hill 2013；Mee，Clauser 和 Harik 2003；Thacker 2013。

如果未发现可能产生重大影响的其他因素，这样的研究结果无疑提升了可信度。

如果现实中还存在着更好的解决办法，那么这种投机取巧、仅分析前后结果的方法就显得漏洞百出，让人无法接受。更好的解决办法是：比较中断前后的考试分数（实验组）与从未中断的考试分数（对照组）。由于这两组并非通过随机分配而产生（尽管中断常常无法预测），我们也应该确保对照组在已有的“协变量”，例如性别、种族、年龄和教育程度上，尽可能与实验组保持一致。

对考试中断的影响细致地进行观察研究，这比原有的分数研究要好得多，但是这样的细致研究人们做得少之又少。2014年，杰出的加利福尼亚研究人员桑迪普·辛哈雷（Sandip Sinharay）就如何在观察性研究中建立合适的对照组，提出了多种办法，这些方法有利于研究人员对考试中断造成的影响做出更可靠的估计。他还表明，如果找不到合适的实验组，他的方法就有可能不太适用。

要想准确估算考试中断的因果效应是很难的。任何试图预估因果效应的研究都很有可能遗漏某一个变量，这一变量有可能是导致我们观测到差异的真正原因，还有可能反向促进另一种效应的产生。要想最准确地预估中断后的因果效应大小，就必须在真实的实验中，随机将个体样本分配到实验组。要完成这样的实验，我们必须积极主动，通过设定中断的时间点和时长将考生分为几个组。这种划分方法能使我们预估中断的影响，并将中断的时间长度和地点作为参数来评估其影响。一旦这类研究完成，要想应对以后可能发生的中断，我们就完全可以做好相应的调整工作。不过，我知道暂时还没有人做这样的研究。

问题三：标准设置与评估反馈对评价者的影响

设置标准几乎是所有大型测试都会进行的流程。在驾驶考试中，标准设置指的是划出合格分数；而在许多教育考试中，它会根据不同的分数划分等级。“国家教育进展评估（NAEP）”[㊀]的不同考试标准的

㊀ 国家教育进展评估。

设定带来了经典的（或者物化的）四个等级，分别为高级、熟练、基础和低于基础水平[㊀]。现在，几乎所有从幼儿园到高中的考试都这样划分等级，仿佛这些等级真有什么实际含义一样。孩子们能否获得肯定需要基于评估，教育项目是否成功，主要看它能否成功地让学生的评估上升一个等级。而教师和其他教职工的工作评估也可以以此类推。设置这些等级的界限确实很有必要。在美国，为了使这些界限具有法律效应，必须由专家们开展一项或多项工作才能确定这些界限[㊁]。在标准设置过程中，通过反馈平台，许多广泛使用的方法得到了进一步肯定。只有当评委就及格线（或多个成绩等级的界限）达成共识后，人们才会知道上一次考试的及格线是多少。按照评委们划分的及格线，如果他们被告知只有 20% 的考生以及 12% 的少数族裔考生能通过这项考试，考官们将不得不重新开会，讨论是否保留先前商定的及格线。通常，专家委员会会将自己的判断与标准执行者提供的实际情况结合起来，反复推敲出一条稳定、准确和可接受的及格线。

例如，假设专家委员会按照详细的标准制定程序，并就及格线达成一致，可倘若之后发现，如果去年按这个及格线只有 30% 的考生及格，而以前通常有 70% 的及格率，他们或许会认为标准定得太过严格，于是决定重新设定及格线，再次经过一番讨论，将及格线作适度的改动，最终得以让及格率达到 69. 4% 。此时，这条新的及格线就成为了设定的标准，专家们算是圆满地完成了自己的工作，可以下班回家了。

然而，但凡有过社会心理学研究经验的人士，或者偏好针砭时弊的人士都会立即追问：**反馈意见带来的因果效应是什么？专家们考虑现实情况就能提高判断的准确性吗，还是专家们只是随心所欲地听从反馈意见？**如果是后者，那我们还需要专家小组干什么，只需要设置一个能让今年的及格率与去年的及格率相当的标准即可。又或者说，我们可以抛开反馈意见，接受专家的独立判断，哪怕他们可能存在判

㊀ 我怀疑“低于基础水平”这一表述是为了避免使用“能力低下”这一带有贬义，却更引人注目的标签。

㊁ 有关这些方法的详细讨论，请参见 Cizek 和 Bunch 2007 或 Zieky，Perie 和 Livingston 2008。

断失误。

我们该如何甄别专家的判断呢？如果按部就班，我们只能知道有多少正确的反馈会影响考官的判断，而不知道有多少错误的反馈会影响判断。**专家的判断是否能任由大众操控呢？**想知道结果，最好的办法（也许是唯一的办法）就是将处理条件分为两个组成部分，存在反馈和反馈的准确程度。这样，实验的环境就能被设计为有些考官收到了准确的反馈，还有一些收到了极不准确的反馈。这么做的目的就是为了找出反馈对考官的判断有多大影响。

令人高兴的是，2009年，布莱恩·克劳瑟（Brian Clauser）和他在美国国家医学考试委员会工作的同事发表了一项类似的研究。他们发现，无论反馈是否准确，都可能对考官的判断造成实质性的影响。同理，这一发现不得不让我们重新思考，什么是标准设置？它该如何执行？其产生的结果，我们到底又能相信多少？

问题四："应试教学"的价值是什么？

我们已经讨论了很多关于分数对学生和教师愈来愈显著的影响。更确切地说，就是指向老师们经常不教授课程大纲要求的内容，而是传授学生如何应试。我们有必要了解"应试型教学"带来了多少好处。老话常说，人们不应该只学某门手艺的"技巧"，而应该学习这门技艺本身。同样，这句话可以用来做类比思考：如果学生一开始就将学习精力集中在课程上，只做一些考试必备的事情（例如，练习计时和填写答题评分表），那么他们的考试成绩也许会更好。为探究这一点，有必要精心设计一项实验并好好实施以检测该结论是否正确。**如果实验表明，延长考试准备时间并无好处，甚至弊大于利，那么教师可能会更热衷于教授课程知识，将考试成绩暂抛脑后。如果实验结果相反，表明更多的考试准备工作确实有助于提高分数，那最好重新设计考试，避免这种越俎代庖的情况发生。**一个合理的实验应该考虑两种情况：最精简的考试准备和充分的考试准备。将学生和老师随机分配到任何一种条件下（认真监督，确保实验组的控制和处理条件确实按预期进行），最后再比较两组的考试成绩。

尽管有大量的观察性研究已经检验了培训课程对大考的价值，但我不知道是否有人做过上述实验。通常，此类培训课程只专注测试。目前，研究最多的是SAT的培训课程，许多独立研究人员发现（这里并非指培训学校所做的研究，因为培训机构的研究往往是为其所用、自我服务型的研究，样本都经过了精挑细选），培训的作用其实微乎其微。1983年，哈佛大学的丽贝卡·德·西蒙尼安（Rebecca Der Simonian）和南·莱尔德（Nan Laird）对大量此类研究进行了认真的综合分析，结果显示，培训课程能在1200分的基数范围平均提升20分，这一结果印证了美国教育考试服务中心研究人员萨姆·梅西克（Sam Messick）和安·荣格布鲁特（Ann Jungeblut）在1981年的研究结果。最近，科罗拉多州的德里克·布里格斯（Derek Briggs）在2001年使用了完全不同的设计和数据集，也显示出相似的效果。其他一些针对LSAT和USMLE培训课程的观察性研究表明，该类培训课程所起的作用其实更小。

尽管这样的结果具有很强的暗示性，但显然不足以劝阻人们参加培训课程。我希望精心设计一个实验，将学生能力、社会经济地位（SES）、性别和种族等其他因素考虑进来，以便于帮助未来的教学和考试。

讨论和结论

如果您认为做正确的事情成本昂贵，那不如做点错误尝试[㊀]。在本章，我描述了教育考核中四个不同但却十分重要的研究问题。在这四个问题中，通过观察研究是可以获得具有不同可信度的近似答案。但是，观察研究中使用的数据遍地都是，而这些数据不可控，我们永远都无法完全理解它们的含义。所以，我们必须用控制代替假设。当我们进行一项随机实验时，我们既能控制处理条件也能控制处理条件下的受试者。随机法因此能较为可靠地替代“其他条件都相同”的假设。

㊀ 此处谨向德里克·博克（Derek Bok）致歉，我对他有关教育成本、且经常被引用的评论做了自己的诠释。

为什么会这样？在我讨论过的所有情况中，我们的目标始终是预测处理条件的因果效应。有时处理条件是分配更多考试时间，有时是让考试中断，有时是对及格线设定提供意见反馈；无论具体情形如何，我们的关注点始终是如何衡量因果效应的大小。

在所有情况中，**因果效应都是实验组接受处理条件和同一小组接受控制条件时反事实之间的差异**。我们并不知道实验组接受对照组控制条件时会发生什么——这就是为什么我们称其为反事实。但是，我们能够知道接受了控制条件的小组会发生什么。如果我们有可靠的证据表明实验组和对照组之间没有平均差异，那我们只能用从对照组获得的结果来代替实验组的反事实。如果我们只是通过不甚了解的程序选择了任一组（比如，为什么有的人可以很快完成考试？为什么一项考试中断了，而另一项却没有呢？），我们便没有理由说服自己，这两组除了处理条件之外在所有其他方面都是相同的，而随机性很大程度上消除了这些担忧。

由于随机性，对照组的平均结果和实验组接受对照组控制条件时的平均结果相同。之所以如此，是因为任意组在任一条件下都不带有特殊性——任意受试分到一组的机会与分到另一组的概率相同。

对鲁宾模型的充分讨论远远超出了本章的目的。感兴趣的读者可以参考保罗·霍兰德（Paul Holland）在 1986 年发表的著名论文《统计与因果推论》[⊖]。正如我在第 3 章中所指出的那样，霍兰德的论文（源自 Rubin 1974 年的奠基性论文）中有一个关键论点：**如果两组都处于控制条件下，对照组的平均结果估值应与实验组结果相同。反事实的真相依赖于实验对象的随机性。**

如果控制不是基于真正的随机实验，我们就不得不以屡遭诟病的“所有情况都相同”的假设来替代随机分配赋予的同质化。因此，我一直主张更多采用因果推理的黄金准则，即随机对照实验，而不是更简单且有局限性的观察研究法。

我注意到，相比仅分析随便获得的数据，完成一项精心设计的实验自然更难。有时候，这些实验看起来无法完成，有时候情况确实如

⊖　在我看来，该论文可以和其他论文一样并属于 20 世纪最重要的统计论文之一。

此，我们就不得不开展观察研究。不过，经验告诉我们，倘若正确答案的确非常重要，那么那些曾被认为不可能的实验也是可能完成的。

举个例子，假设某些恶疾不仅导致孩子身体成疾，还可能导致他们死亡，进一步假设研究人员已经研发出一种疫苗，为我们解救孩子带来了很大的希望，如果采取观察性研究，则将疫苗接种给所有人，然后将发病率与前几年相比较，如果发病率更低，我们就可以得出结论，该疫苗有效，或者庆幸这是个幸运年。显然，这种证据不及我们进行真正的随机分配实验得来的证据有力。但是，请想象一下随机分配实验会有多困难。因变量是染病的儿童数量，而因果效应的大小是接种疫苗组与对照组之间患病人数的差异。拒绝给对照组进行接种的处理条件产生的后果很严重。而有时候问题之重要足以驱使我们去获得正确答案。比如，1954 年的一项实验，测试了 Salk 疫苗对抗小儿麻痹症的作用。这次实验的直接成本超过 500 万美元（2014 年为 4360 万美元），涉及 180 万儿童。作为实验的一部分，有 200745 名儿童接种了疫苗，201229 名儿童接受安慰剂。为获得预期效果，我们不得不采集如此多的样本。结果实验组有 82 例小儿麻痹症，对照组则有 162 例，这种差异足以证明疫苗的价值。顺便说一句，我注意到小儿麻痹症的发病率逐年变化，如果在 1931 年进行了无控制的对照实验，那么 1932 年发病率下降并不能证明实验是成功的㊀。

如果社会各界愿意赌上孩子们的生命以获得正确的答案，那么实验中考虑测试延迟的成本肯定也在容许范围之内。

Salk 实验并非孤立事件。1939 年，一位名叫菲艾斯尔（Fieschi）的意大利外科医生推出了一种针对心绞痛的外科治疗方法，该方法涉及结扎两条动脉以改善血液流向心脏的循环。该治疗方案进行得很顺利。1959 年，伦纳德·科布（Leonard Cobb）对 17 名患者进行了手术对照实验，8 名结扎了动脉，9 名做了胸腔开口手术，仅此而已。然而，实验组与对照组之间在手术效果上没有显示出什么差异。我们再次发现，社会宁愿付出假手术的代价来为答案买单。可是随着“知情同意”的出现，这种假手术的施行会变得越来越困难，但是，假手

㊀ Meier 1977。

术存在的事实反映出观察性研究与随机对照实验在有效性上的巨大差距。

这些简短的医学实验侧记，有助于我们从另一个角度审视教育领域中进行真实实验所需的人力成本。当然，我在这里提出的任何实验或其变体，都不会对参与者产生如医疗实验那样严重的长远影响。最后，我们必须坚持比较实验成本与继续错误的累积成本。这也是我们决策时所面临的伦理困境之所在。

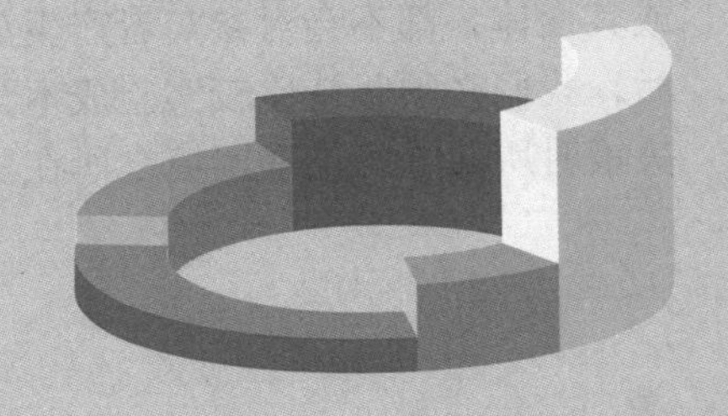

第 6 章

观察研究中的因果推论：压裂法、注入井、地震以及俄克拉荷马州

引　言

1854 年 11 月 11 日，亨利·大卫·梭罗（Henry David Thoreau）观察到“有些佐证实在是太过震撼，就如同你能在牛奶中发现鳟鱼一样”。他影射的是 1849 年牛奶厂工人罢工事件，罢工的缘由是工人们怀疑部分经销商在奶产品中注水。当我们希望测量因果效应，却不具备恰当开展实验的条件，只能利用现有数据完成观察实验时，梭罗的言论就能得以彰显。

在本书的第 3 章和第 4 章，我们知道如何在干预的状况下评估因果效应，即比较有干预的状况和没有干预的状况。在第 5 章我们展示了随机分配的控制实验为何最适合评估因果效应，但是这些实验并不总具有可操作性。因此，我们受限只能开展观察研究，利用自然形成的小组来评估因果效应的大小。当我们无法采用随机抽样来平衡实验组和对照组时，我们必须依靠事后匹配的办法使两组具备可信的同等条件。观察研究得出的结果必须依靠实质性的证据，证据越有力，结论的可信度也就越高。

本章只讲述一个最典型的案例，探索石油、天然气的开采与地震活动之间的因果关系。具体而言，我们将会综合考察使用了水力压裂法（通常叫压裂法）的钻孔技术，以及高压注入废水至地球深处究竟会带来什么后果。而我们目前掌握的证据，拿梭罗的比喻来讲，就如同牛奶中有鳟鱼一样。

油水分离技术

通常，当一处油井产出的石油无法支付其开采成本，我们会认定该油井已经枯竭。20 世纪 90 年代，俄克拉荷马州的大部分油井都处于枯竭的状态，随着油井产量的减少，其所排出的大部分是废水。但是，步入 21 世纪后，随着水分离技术的发展与石油价格上涨，俄克拉荷马州的废井再次变得具有经济价值。解决方案就是抽出油水混合液，这样每分离 10 桶水就能提取 1 桶石油。这一生产方式导致每年有数十亿桶废水亟待处理，而处理废水的办法是通过高压水泵再次将其注入地下废水井中。

压　裂　法

压裂法是通过向地下钻孔，再将高压注入的水混合在岩石中，以释放岩层里的天然气。高压注入水、沙和化学物质到岩层中，会使天然气从井口溢出，这一工艺已经使用了大约60年了，直到1990年新的技术——水平钻孔法被引入，极大地提高了油井产量。水平钻孔指的是在垂直钻孔到达理想的深度（大约两英里）后，在垂直钻轴上再加上水平钻轴。两种方式的结合极大地扩宽了油井作业区域。在压裂法中，将高压混合液体注入井内，主要有以下几个目的：扩展岩层裂缝，增加润滑度，通过运送材料（压裂支撑剂）使得岩层裂开，延长油井使用寿命。由于竖井通常在页岩层的渗透力不够，因此，水平压裂法在页岩地层尤其适用。在压裂法中，使用的混合液体与排水井抽出的废水均采用同样的处理方法。

担　　忧

人们使用压裂法最主要的担忧是，作业过程中需要注入大量的水(每口井大概需要两百万到八百万加仑)，如果其中的化学物质渗入地下水，那么随后饮用水也可能受到污染。过了很久以后，才有人担心另一个问题：压裂法和水分离技术带来的废水处理会造成地震活动显著增加。最麻烦的是，未使用这些技术的地区地震也显著增加了[㊀]。这些地震是否大多数因人类活动引发，是本章讨论的重点。

研究压裂法对地震影响的可能实验

如果我们有条件做任何想做的实验来评估注入大量废水对地震活

㊀ 2015年1月美国地震学会公报上的一项研究表明，水力压裂法带来了地下断层的压力，频繁地引发了距离油井半英里之下的断层带的断裂、滑动。(http：//www.seismosoc．org/society/press_releases/BSSA_105－1_Skoumal_et_al_Press_Release. pdf[访问时间：2015年8月27日]。

动的因果效应，那么就有可能出现各种实验方案。其中一种需要首先选择大量区域，并在大量地质特征的基础上进行成对匹配，然后随机选择一组，一个采用高压注水（实验组），另一个则不进行任何干预（对照组）。当然，我们必须确保所选区域之间距离间隔足够，即实验组与对照组之间不会发生相互影响。接着我们就可以开始实验了，将实验组和对照组地区的地震数据记录下来。

这样的实验也许会持续一段时间，但最后我们可以测算出高压注水对地震的因果效应，以及两个组内变异性的测量值。

尽管精心构想出一项这样的研究很喜人，但却不太可能完成，可以肯定的是任何时候都不可能完成。在我们采取行动之前，等待这样的研究，并未使布拉格和俄克拉荷马州的民众稍感安慰，2011 年 11 月 5 日，俄克拉荷马州居民桑德拉·拉德拉（Sandra Ladra）的房子在经历 5.7 级地震（该州有记录以来最高震级）后，烟囱倒塌了，她本人也因此受伤，并被送往医院。同样，此次地震也毁坏了附近 15 栋房屋，以及靠近肖尼市（Shawnee）圣格雷戈里大学（St. Gregory's University）的修会教堂尖顶。随后，研究人员分析了从该地震[㊀]中获得的数据，总结出拉德拉小姐受伤的原因，很可能与于液体注入以及石油和天然气的开采密切相关。当时有 17 个州都感受到了震感，而且断裂面的起点都出现在离注入井 200 米以内的区域。

错误估计因果效应的后果

不难想象，将俄克拉荷马州石油和天然气开采与地震联系起来肯定会引发利益冲突。俄克拉荷马州地质调查主管，兰迪·凯勒（Randy Keller）发表了一篇立场鲜明的文章，声称地震活动的增加是自然原因导致的。2014 年，由于地震活动不断变频繁，俄克拉荷马州州长，玛丽·法林（Mary Fallin）建议俄克拉荷马州民众购买地震保险。不幸的是，许多保险公司都拒绝理赔由人类活动引发的地震损失。

㊀ Keranen et al.（2013 年 6 月）

一项观察研究

综上所述，我们现在所面临的是：完成一项真实、随机却不太可能发生的工作；做一项综合压裂法的因果效应实验；一项关于注入大量废水对地震活动影响的实验；以及了解其影响的迫切需求。我们应该做什么？答案只能是：观察研究，设计观察研究的方法之一首先是考虑最优的实验设计（比如我前面刚刚简述的案例），然后在观察框架内试着进行模仿。

处理条件：在石油开采过程中，使用压裂法和油水分离法，使废水通过高压注入废水井中。2008 年到现在，这一方法一直在俄克拉荷马州广泛使用。

对照条件：不实施处理条件，既不采用压裂法，也不采用高压将废水注入废井。对照条件是 1978 年—2008 年俄克拉荷马州存在的情况，以及同一时期堪萨斯州（北邻俄克拉荷马州）的情况，堪萨斯州拥有着类似的地势、气候和地质条件，且从 1973 年至今，开采石油和天然气的活动远少于俄克拉荷马州。

因变量：3 级或更高级数的地震。我们之所以选择 3 级地震，是因为这是不需要任何特殊地震检测设备就能感觉到的地震。自俄克拉荷马州地震活动增加后，美国地质勘探局（USGS）和俄克拉荷马地质调查局（OGS）增加了在该州部署的探测器，因此，检测到低级数地震数量增加是监测增加的原因，不是巧合。

牛奶中的鳟鱼

在图 6. 1（来源：美国地质勘探局）中，我们可以看到其总结了过去 38 年间俄克拉荷马州的地震活动。

截至 2014 年底，大概发生了 585 次 3 级和 3 级以上地震。如果包括更小级数的地震，总数则可能会超过 5000 次。到目前为止，2015 年几乎每天都要发生 2 次 3 级或以上地震。

在油气勘探方法扩展之前的 30 年里，每年平均发生地震（震级

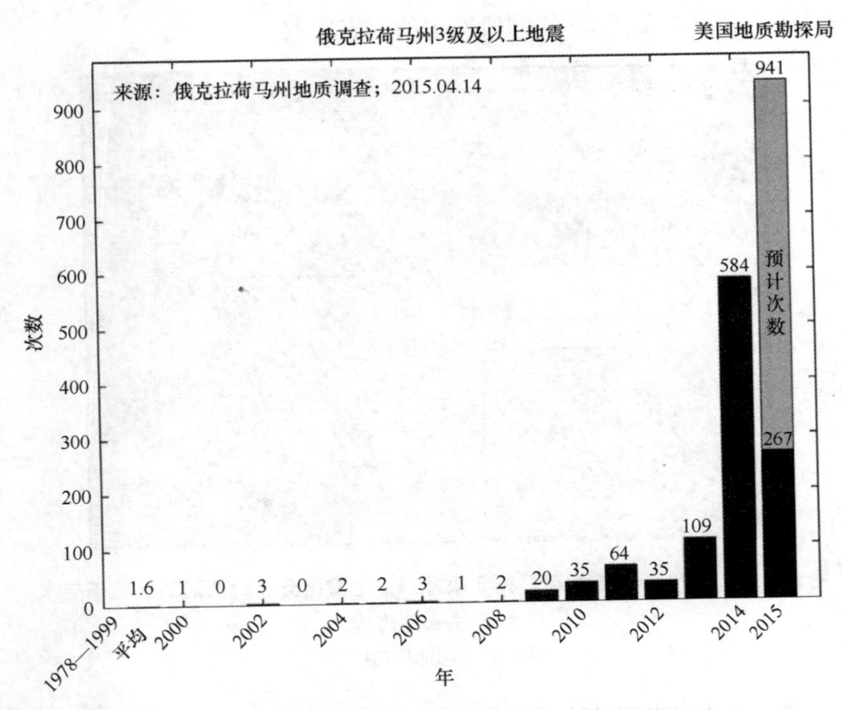

图 6.1　1978 年以来俄克拉荷马州 3 级及以上地震频数分布

（来源：美国地质勘探局）

为 3 级或以上）少于两次。

这种呈 300 倍的增长引起了大众的注意，俄克拉荷马州每天接收地震报告就像接收天气预报一样频繁。在俄克拉荷马州土生土长的里夫卡 · 迦琴（Rivka Galchen），同时也是《纽约客》杂志的撰稿者，在一篇报道中写道，去年 11 月他在俄克拉荷马市外开车，看见电子屏交替展示着“雷鸟赌城返还百分之一现金”的广告、“现金与黄金典当行”的广告、“三日之内的天气预报”以及诺布尔县（Noble County）3 级地震的通知。第二天晚上开车的时候，他仍然看见了同样的显示，不同的却是波尼（Pawnee）附近发生了 3. 4 级的地震。

图 6. 2 显示了地震分布的区域，数据同样也来自美国地质勘探局，蓝点代表着 2009 年以前 39 年间所发生的至 89 次级地震，其余的

960 个点代表之后 5. 25 年间所发生的地震次数。

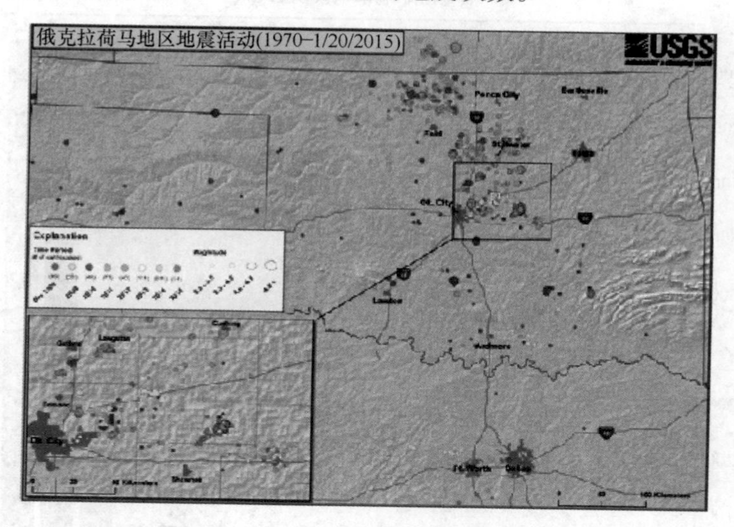

图 6. 2　自 1970 年俄克拉荷马州 3 级及以上地震区分布地震活动区位于废水处理注入井附近

（来源：美国地质勘探局）

最后，对照组情况如何？同一时期，堪萨斯州的地震活动情况如何？图 6. 3 用相似的地图进行了描述，只是其所标示的点采用了不同于俄克拉荷马州地图的编码。图中颜色反映的是地震深度，直径代表着震级。该图显示从 1973 年至今发生过 4 次地震，地震深度都比较浅，震级均在 3. 5 级到 4 级之间。

结　论

从观察研究得出的推论存在局限性。试想一下，小学生们心目中普遍认定的事实，认为阅读测验的分数与穿鞋的尺码之间存在强烈的正相关关系，大脚真的能有助于阅读能力的提高吗？或者阅读真的能帮助你促进脚的生长吗？然而，事与愿违，这两个答案都是否定的。相反，这里存在一个第三方变量——年龄，才导致了这一可以观察到的联系。年龄大一点的孩子当然能更好地阅读，穿鞋的尺码也会更

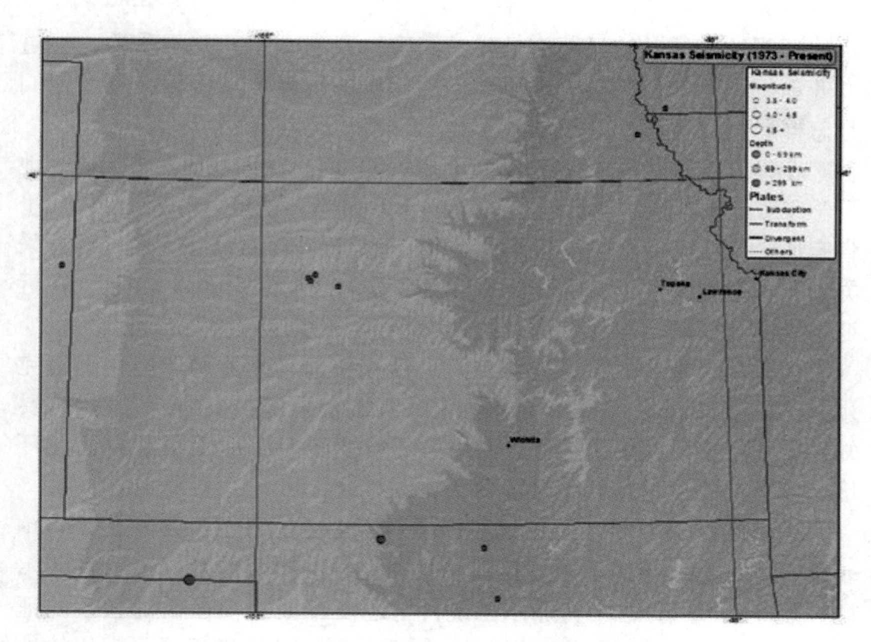

图 6.3　自 1973 年堪萨斯州 3.5 级及以上地震区分布图
（来源：美国地质勘探局）

大。因此，不考虑这一变量的观察研究就只能得出错误的结论。只有通过随机抽样，才能将缺失的第三方变量都通过平均进行均衡，无论其是否可知。

本章所展示的证据让废水注入与地震之间存在强烈的正相关关系。不过，由于研究的性质是观察研究，我们不确信是否存在或遗失了直接导致可观察现象的第三方变量，该变量如果存在，将会减小甚至否定注水与地震之间的因果关系。

然而，没有人认为脚的大小与阅读效率有直接联系，因为我们都了解阅读（和脚）。同样，我们（或者至少是训练有素的地质学家）都了解地震的结构和俄克拉荷马州地下岩层根基的特点，我们完全可以通过这些证据得出可靠的因果推论。

从这些结果得出的推论看起来直截了当，我无法想象究竟缺失了什么第三方变量会导致我们所观察到的现象。还有什么其他可靠的推论能证明地震活动的显著增长吗？其实，我怎么想的并不重要，经过专业训练以及知识渊博的地质学家所给出的解释更加可信，那么他们是怎样思考的呢？

在里夫卡·迦琴采访（Rivka Galchen）时，美国地质勘测局研究地质学家威廉姆·埃尔斯沃斯（William Ellsworth）谈道："我们可以几乎肯定地说，俄克拉荷马州地震活动的增加与近几年石油和天然气的开采方法有一定的联系……从科学的角度来看，这十分明确。"并且，在近期的科学文献中，其他的地质学家也都呼应了埃尔斯沃斯的观点。

但并不是每个人都认同该观点，俄克拉荷马州能源环境秘书迈克尔·杰夫（Michael Teague）在国家公共电台采访中谈到，"我们需要知道的还很多"。当问及他是否相信环境变暖时，他阐明了自己在环境话题上的态度，他相信环境每天都在变化。

2015 年 4 月 6 日，哥伦比亚广播新闻记者曼纽尔·波荷奎（Manuel Bojorquez），采访了俄克拉荷马州独立石油协会的基姆·哈特菲尔德（Kim Hatfield），哈特菲尔德说科学还没有证明存在明确联系的证据。她说，"巧合不代表相关性"。"这个地区已经经历了几千年的地震活动，而在我们经验中这种情况前所未有，并不一定意味着以前没有发生过类似的情况"。

她的观点得到了俄克拉荷马州资深参议员吉姆·英霍夫（Jim Inhofe）的认可，他在 2015 年 4 月 8 日，他的新闻秘书豆恩·哈德（Donelle Harder）在传达给我的消息中说"俄克拉荷马州位于断层线上，经常有地震活动。虽然去年的地震活动确有显著上升，但我们现有的地震数据只回溯到 1978 年。俄克拉荷马州地震活动已经历经千百万年，将过去 35 年地震趋势变化和我们产业之间的联系无疑是目光短浅的，在这一点上我们不能鲁莽地下结论。许多如美国国家学院等颇具公信力的组织都表明过水压致裂所导致的地震活动危险极小。我们正在仔细研究受到控制的、不仅来自石油和天然气产业在内的废水处理是否会导致地震频发。科学家正在紧密关注，在环保主义者将这个问题高度政治化之前，我们应该让他们各司其职，这样我们才能得到可靠的科学结论。"

尽管我所展示的证据是间接的，但却也是强劲有力的。尽管我的建议与英霍夫参议员的建议相背，但一些重要的权威机构早在权威的同行评审（参考 Cambrids Diaivoary）的期刊上发表了大量的研究成果，支持与压裂法联系紧密的废水处置与俄克拉马荷州频发的地震活动之间的因果关系㊀。至于反对这一观点的可靠报道，我至今尚未找到。

石油产业早已在俄克拉荷马州留下了巨大而深刻的烙印，所以不难理解，为什么州政府官员难以承认将他们的活动与负面结果联系起来的证据，无论这些证据的可信度如何。我不知道人们如何看待实验证据，但是，我确信我们会提出同样的问题。这让我回想起 1994 年 4 月 14 日七家大型烟草公司首席执行官在国会上的证词，所有人都信誓旦旦，据他们所知，尼古丁不致瘾。

否认人类活动导致地震急剧增长的观点，与否认全球变暖跟人类活动有关的观点惊人地相似。确实，这些人往往是同一群人㊁。

那些用在两种情境（全球变暖和地震频发）中的论证方式，无非是之前早就出现过类似情况的说辞。我们以前经历过热浪也经历过大旱，比现在的情况更为糟糕，为什么总要认为全球变暖呢？同样，议员英霍夫也谈到“地震活动在俄克拉荷马州已经发生了千百万年”。

这些声明确实正确，但有没有一个有效的回答吗？或许吧。前段时间我听到一位成功商人和物理学家约翰·杜尔索（John Durso）进行的讨论，听起来似乎很有关联性。商人辩称：他确信目前总有一些日子炎热难耐，也时有强烈风暴发生，但在他过去的人生中，他能记起更炎热的天气和更厉害的风暴。他认为不能把这当作全球变暖的证据。杜尔索教授思考了一会儿，给出了一个类比：想想你镇上的一条主街道，人们在那里行车，有时会发生事故，但是几年前，镇上的一条高速公路支路需要关闭一部分进行修缮，迫使高速公路上的来往车

㊀ 最近的三篇研究，参见 Hand（2014 年 7 月 4 日）；Keranenetal（2013 年 6 月）以及 Keranen et al.（2014 年 7 月 25 日）

㊁ 在序言中，我们被引见给了英霍夫参议员，他几分钟前刚刚拿着一个雪球在美国参议院发表演讲。他指出，雪球有力地证明了全球变暖的谬误。显而易见，如果我们认真对待人类活动对气候和地震的影响，就会深度影响石油产业。任何被这一行业捆绑的人都很难相信自己已经难辞其咎，这一点也在意料之中。

辆绕道小镇，引流到主街道，然后再返回高速公路。在高速公路维修期间，主街道的交通负荷显著增加，交通事故也大量上升。你当然不能指责任何一场交通事故都是由高速公路封闭造成的，但是，如果你认定事故的增长与高速公路封闭毫无联系，那就很愚蠢了。

商人同意地点了点头，事实和论据说服了他。不幸的是，我从经验中得出的智慧告诉我，这是因为这位商人不是平庸之辈。我在这里所描述的证据，至少对我而言，很多都是梭罗所说的鱼的化身。我不能自欺欺人地以为用逻辑和证据组成的论证就足够影响每一个人，但至少这是一个开始[㊀]。

㊀ 但也不尽然，要收集更多证据证明俄克拉荷马州地震频发主要是人类活动引起的，我们可以跟踪（1）当其他州（如美国北达科他州和加拿大阿尔伯塔省）忽视俄克拉荷马州的情况，并实施高压注水入井进行废水处理时，会发生什么？（2）如果此类废水处理量大幅下降，地震活动的变化趋势。当然，后者不太可能立即给出答案，因为往往延迟反应的可能性很高。但这些都可以用来作为补充证据。

第7章

生活中的艺术：玩转缺失数据算法

1969 年，鲍登学院（Bowdoin College）改变了传统的招生政策，让学生自主选择是否参加大学入学考试。那年，鲍登学院大约三分之一的录取者都利用了该项政策，在没有提交美国高考（SAT）分数的情况下，步入了大学殿堂。仔细研究鲍登学院 1999 年的各班情况后不难发现，相比提交了 SAT 分数的 273 名学生（见图 7.1），另外 106 名未提交 SAT 分数的一年级学生成绩明显较差。但是，如果这些学生真的向招生办公室提交了 SAT 分数，这些分数能帮助招生办公室的老师预测出他们入学后的学业表现会更差吗？

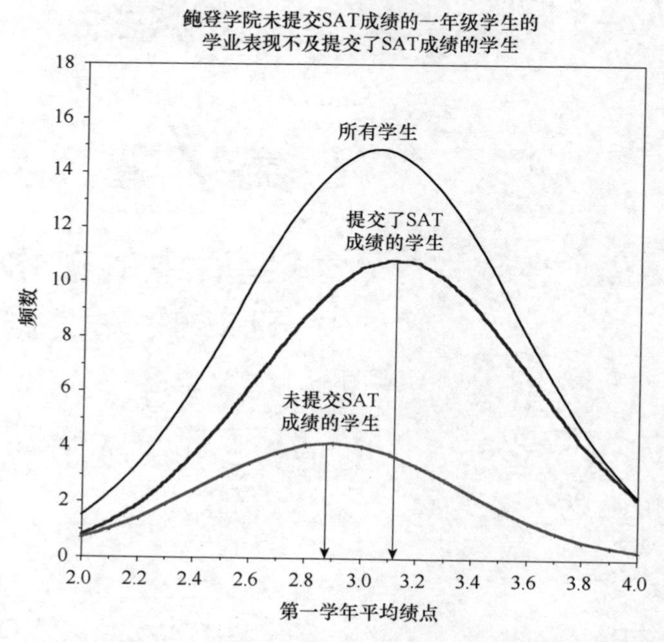

图 7.1　鲍登学院学生第一学年平均绩点分布的正态近似值表示为与学生是否提交 SAT 成绩相关的函数

根据调查，所有未提交 SAT 成绩的学生都参加了该考试，但都决定不将成绩提交给鲍登学院。这是为什么呢？原因有许多，最主要的原因可能是认为考试分数不够理想，不利于他们进入鲍登学院。当然，正常情况下，推测的结果不宜作为我们调查的出发点，而应作为调查的结束。这里，未提交的 SAT 分数应被视作缺失数据，至少对鲍登学院招生办公室来说是如此，但对我来说不需要。美国教育测试服务中心帮助我们收集了特殊数据，帮助我们检索到这些 SAT 分数。我们发现提交了 SAT 成绩的学生平均分为 1323（语文与数学分数之和），而未提交 SAT 成绩学生的平均分仅为 1201（低了不止 1 个标准差），如果招生办公室提前获取了这些分数，他们大可以预测到这些学生的成绩会偏低（见图 7.2）。

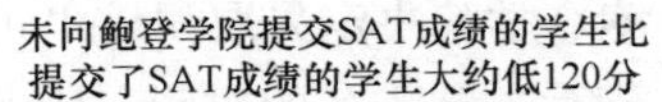

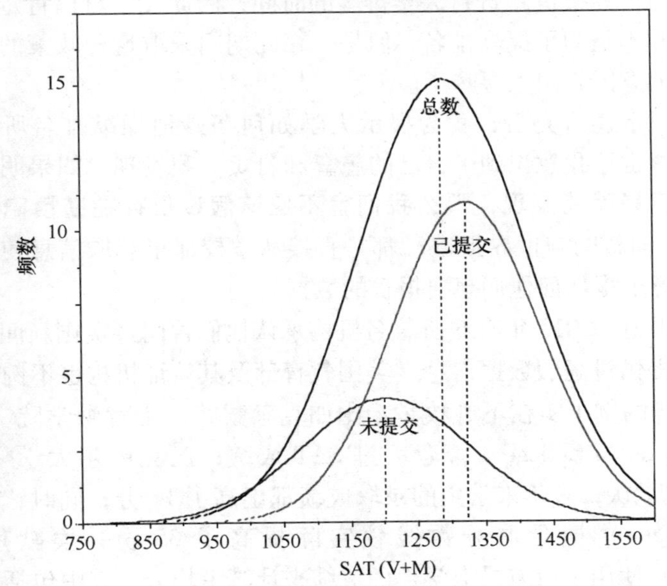

图 7.2　鲍登学院 **1999** 届所有学生 **SAT** 成绩分布的正态近似值

那么大学为什么会选择忽视有用信息？原因众说纷纭，大家都有各自合理的猜测。这里我仅聚焦其中一个原因：他们误将缺失的数据看作随机缺失的数据（这意味着缺失分数的平均分应大致等于已提交成绩的平均分，或者假定那些未报告分数的学生与汇报了成绩的学生一样出色）。基于能看到的数据来看，大家都认为鲍登学院 1999 年各班录取的平均 SAT 成绩为 1323，但真实的平均成绩应该是 1288。如果鲍登学院的平均录取分数为1323，这个成绩将遥遥领先于卡耐基·梅隆大学、巴纳德学院和佐治亚理工学院这样优秀的学校；但若平均录取分数为1288，鲍登学院就不得不甘居人后。SAT平均录取分数是各高校在极富权威的《美国新闻与世界报道》大学排名的重要依据。然而，这些排名仅采用学生提交的分数来计算平均值，实质上是假设所有缺失的分数是随机缺失的。因此，各大高校让学生自主选择大学入学考试，就能提高他们的SAT平均录取分数线，提高学校的排名。

值得注意的是，鲍登学院决定采取“SAT可选”的政策先于《美国新闻与世界报道》进行大学排名的时间，因此几乎可以肯定，他们的动机并不是为了提高排名。但是，在此期间采取这种政策的其他部分学校的意图就耐人寻味了。

完成上述研究后，我为揭示大学如何巧妙地操纵排名所感到自豪，但这也让我意识到了自己的愚蠢和自负。我发现，**如果明显的大改动很容易就能实现，那么我们就不应该假设仅存在谨慎隐性的操纵。**《美国新闻与世界报道》都是直接从学校那里获取信息使得学校可以随意上报任何他们想要报告的数据。

据报道，2013年有6所著名机构承认他们曾向《美国新闻与世界报道》提供过虚假数据信息（美国教育部及其认证机构也不例外）。[㊀]

这样的例子实在不胜枚举，比如克莱蒙特·麦肯纳学院（Claremont McKenna College）曾夸大过SAT成绩；巴克内尔大学（Bucknell）也承认，多年来学生的录取成绩都虚高了16分；同时，杜兰大学（Tulane）把录取分数线较实际提高了35分；埃默里大学（Emory）使用了所有录取学生的成绩来计算平均分，其中包括那些选择就读其他学校的学生成绩，也就是说，改投他校学生的成绩也帮助学校提高了排名。

在我2011年的*Uneducated Guesses*一书中，第8章论述了使用增值模型来评估教师的总体水平，其中有一部分内容阐述了如何处理缺失数据，目前该方法得到了不少赞同者的采纳。这些模型的基本思想

㊀ http://investigations.nbcnews.com/_news/2013/03/20/17376664-caught-cheating-colleges-falsify-admissions-data-for-higher-rankings（2015年8月24日查阅）.

是将学校、学生、教师层面的前测成绩和期末成绩变化进行分类评分，计算其产出的附加值。与每位教师平均成绩变化相联系的就是教师的附加值，教师附加值的高低会对应不同的评价和相应的待遇。学校行政管理人员根据他们在总附加值中所占的比例，所获得的待遇也不尽相同。

处理不可避免的数据缺失有两种基本方法。一种是只处理具有完整数据的学生，视同他们代表了所有的学生（即假设数据的缺失是随机的），并在此基础上进行推断。另一种更复杂的方法是根据有分数学生的分数来估算缺失值，并将之与其他可用信息进行匹配。不过，两种方法得出的推论都有局限性，有时还需要采用哈佛大学唐·鲁宾（Don Rubin）提出的"大胆的假设"来进行推导。

要让缺失数据处理策略问题显得更加直观，如果我是被评估学校的校长（尽管羞于开口），我会利用插补的方法，我可以在前测那天对成绩居上的半数学生组织一次内容丰富的校外实地调研。这样，以现场考试在场学生的平均分数来代表缺失学生的分数，就能大大提高前测与后滑所显示的分数进步。这样的方法对学生群体多样化的学校提升成绩变化幅度最为有效。瞧，多么美好的双赢局啊！

然而，每当我演讲，提及用附加值的方案来平衡学校评估时，总会引起多数听众的不屑（尽管总有少数人忙着认真地记笔记）。我通常会顺带自嘲一下，一般我能想到的，教育领域依靠评估成绩才能晋升的管理者肯定比我更有创见。可悲的是，我的预感应验了。

2012年10月13日，据《纽约时报》曼尼·费尔南德斯（Manny Fernandez）报道，前埃尔帕索学校校长洛伦佐·加西亚（Lorenzo Garcia）因牵涉一项考试丑闻锒铛入狱。当时，在德克萨斯州有一项法定的知识和技能评估测试（TAKS），所有高中二年级学生都必须参加。但是，TAKS缺失考试成绩算法将成绩缺失视作随机缺失，因此，整个学校仅仅只计算了那些参加了考试的学生的分数。玩转这一伎俩非常简单，但是结果却是灾难性的。事实也是如此。学校的管理者显然十分了解德克萨斯州使用的缺失数据算法，因此，他们将得分可能较低的学生拒之门外，这样他们将无法参加考试，更不会降低学校分数。学校一旦确定有些学生表现不佳，就很可能"把他们转到公立教育体系之外的特许学校，不欢迎他们入学，甚至派训导员家访，唆使他们在考试当日缺席。”

更有甚者，学校会将这些学生的成绩从成绩单中剔除，或将成绩从及格改为不及格，如此这般这些学生就可以被重新划分为一年级学生，以此避免他们参加考试。有时候，学校会允许遭拖延的学生在毕业之前，修读如涡轮加速器般的“快速学期”，让学生仅通过在计算机上学习几个学时，便能获得毕业所需的学分。

加西亚校长夸耀自己在鲍伊高中的特殊成就，把自己的这种做法称为“鲍伊模型”。2008 年这所学校及其管理者在测评中遥遥领先，获得了无数赞誉和奖励，家长和学生却调侃该模型为“失踪者”模型（los desaparecidos）。其之所斩以获此殊名，完全是因为：2007 年秋季该校有 381 名新生报到入学，但是到了第二年秋天，二年级班上的学生却只剩下了 170 名[一]。

“塞翁失马，焉知非福”。这两个例子却孕育着好消息的萌芽。尽管这种欺骗性的方式利用了缺失数据处理方案的弱点，但是告诉我们两条关键信息：

1. 在任何实际操作中，处理缺失数据是关键，处理不善会带来麻烦。

2. 缺失数据算法并非那么神秘和困难，普通公众都可以理解。

因此，我们应该毫不犹豫地采用罗德·利特尔（Rod Little）和唐·鲁宾（Don Rubin）所提出的多重插补法，反对者没有理由认为该方法对普通人而言太过复杂，难以理解。我们对这些事件的解析实际上揭示了其普遍的可理解性。目前看起来，这还不够。如果要保证效果，肯定还需要严厉惩罚相关投机取巧者[二]。

[一] http：//www. elpasotimes. com/episd/ci_ 20848628/former - episd - superintendent - lorenzo - 3 garcia - enter - plea - aggreement（访问时间：2015 年 8 月 24 日）.

[二] 2013 年 12 月 12 日，唐·鲁宾（Don Rubin）用电子邮件发给我这一结论。他写道：“这些操纵者头脑之简单让人惊叹。要解决这些游戏的唯一办法是采用国税局的重锤——抓住重罚。”

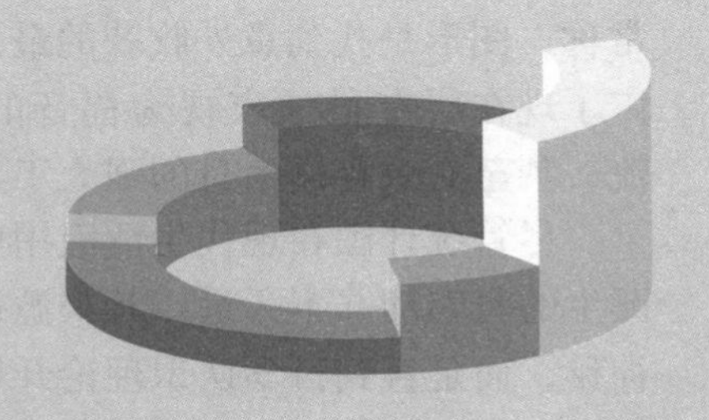

第 2 部分

像数据科学家一样沟通

引　言

普林斯顿大学的数学家约翰·图基（John Tukey，1915—2000）常称，图形是找到意外收获的最佳方法，甚至是唯一的方法。图基推广了现在所有科学家视为福音的统计图——发现量化联系，开展交流，甚至有效存储信息的强大工具。

尽管统计图在现代生活应用中已司空见惯，但事实上，这项发明诞生的时间却并不久远。其来源也不像历史上车轮或者火的发明一样神秘，而是直到科学认识理论开始使用数据作为证据，统计图才作为能直观反映数据的方法被发明出来。由于实证主义是认识事物的一种方式，是通过英国经验主义哲学家约翰·洛克（John Locke，1632—1704）、乔治·贝克莱（George Berkeley，1685—1753）和大卫·休谟（David Hume，1711—1776）的著述，方得以验证并普及开来。这也难怪，**直到18世纪启蒙运动时期，利用统计图的方法才开始问世。**

从前实证主义发展起来的图示法并非支离破碎。当认识论基础开始形成，图形显示诞生之初就如波提切利的维纳斯一样，以完全成熟的姿态出场。1786年，现代统计图诞生，经苏格兰反传统者威廉·普莱费尔（William Playfair，1759—1823）采用新方法描述量化现象时被发明出来[㊀]。普莱费尔采用折线图，显示了国家间进出口贸易随时间的波动起伏；采用第一张饼图表现土耳其进出口在三大洲每一洲中的分布情况，以及条形图标明苏格兰一年中的贸易特点。这样，他在这本卓越的书卷——一本地图集（而不是仅含单张地图）中，完整地提供了四种最重要图形形式中的三种。普莱费尔的工作受到赞扬，并为后来的数据科学家广泛利用，将其作为重要的工具，不仅与他人甚至可以与自己，交流实证研究结果。

在这一部分，我们通过讲述四个故事，来说明图形显示完全可以

㊀ 由于已经存在一些零散的例子，已有的发明可能过于琐碎，多集中在天气研究中，但往往是临时拼凑的原始作品，而普莱费尔的图表则相对成熟，即使按现代标准，也是美观且设计精良的。

作为定量数据交流的工具。在第 8 章中，尽管我们的例子有点偏向视觉交流，但主要论述了设计各种有效交流所应具备的同理心。本章最主要的例子表明，在检出受试者具有增加癌变可能的突变基因时，如何传达敏感的信息，这就需要有共情心理和对图形设计原理的基本了解。

第 9 章考察了科学界设计的图表对媒体的影响，在目前看起来并评论了媒体似乎，比科学界做得更好——尽管不可能永远如此。

纵观数据呈现的历史，二维平面上排列二维数据的例子数不胜数（最早也最好的例子是在二维平面上描述地球表面的地图）。而设计的难处在于，如何在同一平面上描述二维以上的多维数据。在两个地理维度的地图上通过阴影着色处理描述人口是一种流行的方法，可以显示第三个维度。但是，如果有四个维度、五个，或者更多维度，我们该如何处理？应对这一挑战的解决方案值得称赞，也令人回味（最著名的是查尔斯·约瑟夫·米纳德（Charles Joseph Minard）1869 年就拿破仑灾难性的俄国远征所做的六维展示）。第 10 章中，我们介绍了由内而外的图示，用以研究超高维的数据。第 11 章中，我们回顾了近两个世纪道德地图的发展，并介绍了 19 世纪英国改革者约瑟夫·弗莱彻（Joseph Fletcher），他在两个地理变量的地图基础上绘制了道德统计数据，并以犯罪、文盲、私生子和不慎重（或泽为“草率”）婚姻作为变量来计算其在英国的分布。他将这些“道德地图”并置，试图得出一些因果关系的结论（例如，教育程度较低的地区犯罪率也较高），并以此建议改善其中一种情况，就可能引导形势向积极方向发展（例如，增加教育经费可以减少犯罪）。介绍了弗莱彻采用 1835 年数据绘制的地图之后，我们通过采用相同的方法与更新的数据，发现他提议的改革确实行之有效。我们还将弗莱彻道德地图精进为更现代的图形形式，使他所提出的定性论点也变得更加清晰直观，并且使用了散点图定量估计变量之间关系的强度。

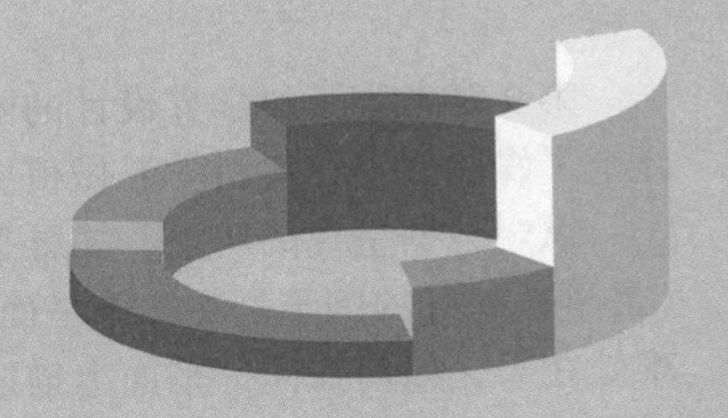

第8章

共情在沟通设计中的关键作用：以基因测试为例

第8章 共情在沟通设计中的关键作用：以基因测试为例

优秀的信息规划让思维清晰可见，而糟糕的信息规划则是愚蠢的行动。

——爱德华·塔夫特，2000

有效的备忘录应该最多只说明一个要点。

——保罗·霍兰德，1980

任何有效的沟通都与沟通者对信息接收者的共情程度密切相关。为了使沟通效率达到最大化，我们首先应该弄清楚接收者需要听到哪些信息，而不是让我们打算告知的信息淹没了他们想要了解的内容。

每当我看到人们收到恰如其分的信息后表露出来的庆幸时，我才真正意识到有效沟通在生活中是多么不易和凤毛麟角。十多年前，我儿子收到了普林斯顿大学对他申请的回复，下文附上的那封回信完美地体现了我所赞誉的沟通中的共情。时任普林斯顿大学招生主任的弗雷德·哈加登（Fred Hargadon）意识到，其实所有的收信者只对一件事情感兴趣，于是他设计了这封著名的回信来传递大家最为关注的信息焦点（见图8.1）。

普林斯顿大学

招生办公室
通信地址：新泽西州普林斯顿市，430 信箱 08544-0430
办公室：西部学院——110
电话：609-258-3060 传真：609-258-6743

费雷德·A·哈加登
招生主任
史蒂夫·勒芒纳
招生代理主任

2000年12月

亲爱的山姆，

已录取！

我们很高兴录取你进入普林斯顿大学学习，并热烈欢迎你成为2005届的学生。

诚挚地，

Steve LeMenager

史蒂夫·勒芒纳
招生代理主任

图8.1 普林斯顿大学的录取通知书

在普林斯顿大学的两万多位申请者中，只有8%的人收到了这样一封录取信，我们不难想象，另外一个并行版本，如图8.2所示，可能已经寄给了剩余92%的申请者。

普林斯顿大学

招生办公室
通信地址：新泽西州普林斯顿市，430信箱08544-0430
办公室：西部学院——110
电话：609-258-3060 传真：609-258-6743

费雷德·A·哈加登
招生主任
史蒂夫·勒芒纳
招生代理主任

2000年12月

亲爱的费雷德，

不予录取！

我们不能录取你进入普林斯顿大学学习。

诚挚地，

Steve Lilllenaga

史蒂夫·勒芒纳
招生代理主任

图8.2 参考图8.1形式仿制的普林斯顿大学的拒录信

当然，普林斯顿大学并没有发出这样的版本。有人告诉我，我编造的并行版本从来就没有出现过。当我问起真正的“拒绝”信时，勒梅纳格主任告诉我，“你可以很快地说出‘是’，但说出‘否’却需要很长时间。”

在向候选人传达重要信息的诸多情形中，用信件通知大学录取结果或求职回复只是其中的两种。很少有信件如普林斯顿大学的那封录取信那样经过了深思熟虑，让我觉得眼前一亮。尽管申请回复信确实很重要，但其重要性与其他类型的沟通相比却相形见绌。比如，2013 年 5 月 14 日，安吉丽娜·朱莉在《纽约时报》上发表了一篇专栏文章，宣布了她准备进行双乳切除手术的决定。

这一重大决定的萌芽多年前就种下了，当时她的母亲在 46 岁被诊断出乳腺癌，10 年后去世。朱莉担心家族遗传，便决定通过检查确定自己是否携带了导致与母亲相同命运的风险大大增加的容易突变的基因。

通常，有八分之一的女性在其一生中可能会患上乳腺癌，如果携带了 187delAG – BRCA1、5385insC – BRCA1 或 617delT – BRCA2 基因，这种概率会增加 6 到 7 倍。幸运的是，这种突变非常罕见，但对于阿什肯纳兹犹太妇女而言，携带这种突变基因的比率却高达 2.6% 至 2.8%。此外，还有其他危险因素也会增加这种突变的可能性。

朱莉进行了基因检测，发现她不幸地携带了这种突变基因，因此，她决定进行预防性的双乳房切除手术。

如何传达这一检测结果？通知这样的测试结果需要具备同理心。而且这种情况也与普林斯顿大学的录取状况不同，97% 以上的检测报告都在传递喜讯，只有一小部分人需要特殊处理。让我们先从传递好消息的报告开始（见图 8.3）。

尽管该报告采用了大量的措辞，但至少在一个方面与普林斯顿大学录取信相似：以最大的字体保留收件人最感兴趣的信息摘要（见图 8.4）。我怀疑这份报告是由遗传学家、医生、顾问和律师组成委员会进行了长时间磋商的产物。不过，这样的合作只会不可避免地不断增加无序信息，而不会减少信息。

普林斯顿大学的录取信突出强调了收件人希望收到的信息。要想做到这一点，一种方式是放大最基本的积极信息，再将细节内容移到后面，如果接收者真想继续了解，便可细究其详。

但另外一封信呢？它只会发送给不到 3% 的受测者，而且它带来的消息预示着一场噩梦。这种情况下，勒梅纳格院长的明智建议显得

机密

BRAC基因综合分析
BRAC1与BRAC2分析结果

内科医生	样本	患者
约翰·史密斯，MD 综合医疗中心 格兰德大街1100号， GA 12345	样本：血样 采样日期：2010.08.01 入库日期：2010.08.02 报告日期：2011.01.22	姓名：多伊·简 出生日期：1492.04.01 患者身份证号：000000 性别：女 入库：00000000-BLD 征用：000000

检测结果与说明

未检测到变异

检测项：	结果：	说明：
BRCA1基因测序大片段重组试验 BRAC2基因测序大片段重组试验	未检测到变异	未检测到变异

据我们所知，该患者因个人或家族史显示遗传性乳腺癌和卵巢癌而同意进行基因检测。分析包括对BRCA1和BRCA2基因所有翻译的外显子和直接相邻的内含子区域进行测序，并通过定量多聚酶链式反应分析对BRCA1和BRCA2进行综合重组试验(BRAC基因分析重组试验，BART)。本分析中确定的所有变体的分类和分析反映了本报告发布时的现有科学性理解水平。在某些情况下，随着新的科学信息出现，对这些变体的分类和分析可能会发生改变。

经测序和定量多聚酶链式反应分析，该受试BRCA1和BRCA2基因均未发现有害突变。该测试被用于识别BRCA1中的22个外显子和大约750个相邻的内含子碱基对的突变以及BRCA2中的26个外显子和大约950个相邻的内含子碱基对(总共分析了17600个碱基对)。该测试也被用于检测涉及BRCA1和BRCA2启动子区和编码外显子的复制和删除。BRCA1和BRCA2可能还有其他罕见的遗传异常，未能被本次检测检测到。然而，这一结果排除了大多数被认为与乳腺癌和卵巢癌遗传易感性有关的异常(Ford Detal.，AmJ人类基因学 62:676-689，1998)。如果此受试者从未患过乳腺癌或卵巢癌，则建议考虑检测患病的亲属，以帮助澄清此阴性检测结果的临床意义。

如对检测结果有疑问，请拨打1-800-469-7423与麦利亚德专业部门联系

负责人签名　　负责人签名
资格证　　资格证

这些检测结果只能与患者的临床病史和相关家庭成员的先前情况分析合并使用。强烈建议在能提供适当的咨询服务的场所将这些检测结果告知患者。随附的技术规范摘要描述了本检测的分析、方法、性能特点、术语和解释标准。一些州可能认定该检测为研究性质。这项试验及其性能由麦利亚德遗传实验室确定。美国食品和药物管理局(FDA)尚未对此进行审查。FDA已确定无需此类安检证明批准。

图 8.3　麦利亚德实验室基因突变检测结果为阴性通知书

机密

BRAC基因综合分析
BRAC1与BRAC2分析结果

内科医生	样本		患者	
约翰·史密斯，MD	样本：	血样	姓名：	多伊·简
综合医疗中心	采样日期：	2010.08.01	出生日期：	1492.04.01
格兰德大街1100号，	入库日期：	2010.08.02	患者身份证号：	000000
GA 12345	报告日期：	2011.01.22	性别：	女
			入库：	00000000-BLD
			征用：	000000

检测结果与说明

未检测到变异

检测项：	结果：	说明：
BRCA1基因测序 大片段重组试验 BRAC2基因测序 大片段重组试验	未检测到变异	未检测到变异

图8.4 基因突变检测结果为阴性的通知书修改版，建议突出强调主要信息

非常重要。我们可以很快地说出好消息，但沟通坏消息却应该花费更长的时间。那这封信什么样呢（见图8.5）？

令人吃惊的是，它与传递好消息的信件形式完全相同，仅仅内容不同而已。**难道这就是我们能做到的最好沟通吗？**

考虑是否需要改变之前，我们必须将这份报告置于一个适当的场景，客户不会凭空收到该报告。一般由遗传病顾问出具这份报告，并解释各项指标的含意以及后续可提供的各种服务选项。通常在客户收到报告之后，检测机构还会安排肿瘤医生加入到顾问的行列，以便详细讨论接下来的医疗选择。总体而言，这样的额外帮助对普林斯顿大学的申请者来说，既不实际也不必要。

我们深知，有效沟通的核心是共情。让我们试着揣摩一下，对接受了基因检测并等待结果的受试者来说，这意味着什么。检测结束后，他们会在两周左右的时间内根据预约情况去拿结果。他们在约定的时间到达，紧张地坐在空荡的等候室里，恐惧不安地等待可能出现的结果。此时，亲人多陪伴在身旁。漫长的等待过后，他们会被带到

保密

BRAC基因综合分析
BRAC1与BRAC2分析结果

内科医生	样本	患者
约翰·史密斯，MD 综合医疗中心 格兰德大街1100号， GA 12345	样本：血样 采样日期：2010.08.01 入库日期：2010.08.02 报告日期：2011.01.22	姓名：多伊·简 出生日期：1492.04.01 患者身份证号：000000 性别：女 入库：00000000-BLD 征用：000000

检测结果与说明

有害突变检测呈阳性

检测项：	结果：	说明：
BRCA1基因测序 5位点重组 BRAC2基因测序	未检测到变异	未检测到变异 有害

据我们所知，该患者因个人或家族史显示遗传性乳腺癌和卵巢癌而同意进行基因检测。分析包括对BRCA1和BRCA2基因所有翻译的外显子和直接相邻的内含子区域进行测序，并通过定量多聚酶链式反应分析对BRCA1和BRCA2进行综合重组试验(BRAC基因分析重组试验，BART)。本分析中确定的所有变体的分类和分析反映了本报告发布时的现有科学性理解水平。在某些情况下，随着新的科学信息出现，对这些变体的分类和分析可能会发生改变。经测序和定量多聚酶链式反应分析，该受试BRCA1和BRCA2基因均未发现有害突变。该测试被用于识别BRCA1中的22个外显子和大约750个相邻的内含子碱基对的突变以及BRCA2中的26个外显子和大约950个相邻的内含子碱基对(总共分析了17600个碱基对)。该测试也被用于检测涉及BRCA1和BRCA2启动子区和编码外显子的复制和删除。BRCA1和BRCA2可能还有其他罕见的遗传异常，未能被本次检测检测到。然而，这一结果排除了大多数被认为与乳腺癌和卵巢癌遗传易感性有关的异常(Ford Detal.，AmJ人类基因学 62:676-689，1998)。如果此受试者从未患过乳腺癌或卵巢癌，则建议考虑检测患病的亲属，以帮助澄清此阴性检测结果的临床意义。

如对检测结果有疑问，请拨打1-800-469-7423与麦利亚德专业部门联系。

负责人签名
资格证

负责人签名
资格证

这些检测结果只能与患者的临床病史和相关家庭成员的先前情况分析合并使用。强烈建议在能提供适当的咨询服务的场所将这些检测结果告知患者。随附的技术规范摘要描述了本检测的分析、方法、性能特点、术语和解释标准。一些州可能认定该检测为研究性质。这项试验及其性能由麦利亚德遗传实验室确定。美国食品和药物管理局(FDA)尚未对此进行审查。FDA已确定无需此类安检证明批准。

图 8.5　麦利亚德实验室基因突变检测结果为阳性的通知书

检查室，直到一位面容严肃的基因顾问拿着文件夹进屋，坐下并打开文件夹，将结果告知给他们。

在绝大多数情况下，检测结果都会显示受试者未发现基因突变，虽然咨询顾问也会小心翼翼地声称存在极少数检测或会出现偏差的情况，但此时此刻传递的情绪无疑是值得庆祝的，相应的担忧也会自行消退。但仅仅过了一会，或许只是刚离开诊所，得到通知的人可能会突然冒出一个想法："我为什么非得亲自来领取结果？为什么不能结果一出来就有人电话通知我'一切正常'？"

为什么非得前来？让我们回到那 3%（或更少）的、与好消息无缘的人身上。对他们来说，现实变得更加复杂和危险。遗传咨询也显得更为重要，从字面意义上讲，肿瘤学讨论的都是关乎生死的问题。

鉴于有这两个群体，可以得知如果大多数人都能提前获得"排除怀疑"的信息，那么那些未获得任何信息且必须预约前来诊所的人，一定能推断出坏消息，预先猜测将会有健康顾问做出相关解释。

事情很明朗，延迟为检验呈阳性的客户提供及时咨询是否利大于弊，是否优于提前通知 97% 未携带突变基因客户从而减少他们的焦虑？这并不是简单的计算。传递坏消息时，也许只有两种报告。一种会让接收者极度悲伤和恐惧，另一种则会让事情变得更糟。**负面消息的传递方式有两种，一种根本不好，另一种只是很坏甚至更糟。**这让我想起了二战期间，收到战事部门的电报对一个家庭意味着什么。即使没有打开，他们也知道最可怕的噩梦就在眼前。如果换一位资深的临床心理学家亲自前往，而不是直接发出电报，结果会有多大的不同呢？

这个例子似乎有力地支持了一旦检测结果出来就可以预约通知所有检测者的政策。但对于那些检测结果为阴性的患者，其实电话通知就可以传递这一喜讯，并同时取消预约，而剩下的人则可以如期到访进行了解。当然，这样的处理方式值得进一步讨论。

我相信，如图 8.4 所示的报告替代版本是有价值的，它以清晰可见的方式宣告着好消息，并将技术细节放在了相对次要的位置。看上去，如果我们能从报告格式、报告交付时间以及提交方式上做出一些小小的改变，那都是值得肯定的。当然，我们也可以十分确定，对于那些被检测出突变基因的人来说，报告格式的改变与否不会带来任何实质性的影响。

本章讲述的故事提供了一个戏剧性的案例，意在阐明所有的沟通都应该经过深思熟虑。数据的收集总是有着特定的背景，不认真思考这些背景和语境便对数据进行解读和交流，可能会带来灾难性的后果。正因为如此，将数据的展示和准备工作分配给那些对数据收集背景和潜在用途都不够了解的下属，通常是错误的。小则导致你可能错过一些有用的发现，更糟的情形也不难预料，比如，想象一下如果普林斯顿大学寄出了我那封未经斟酌的拒绝信（见图 8.2），该导致什么后果？

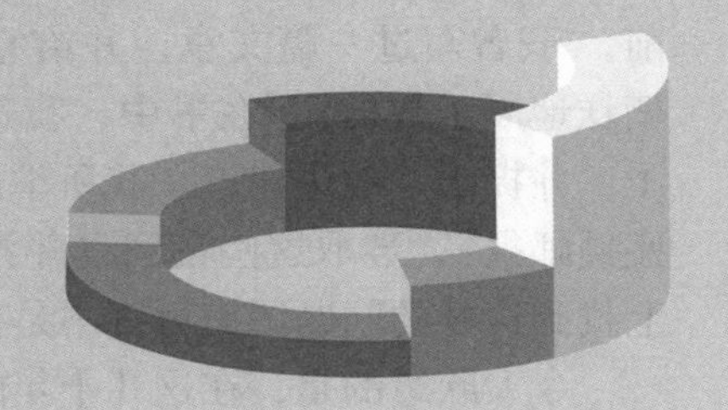

第9章

改进媒体和我们自己的数据呈现

引　言

在科学家和媒体人的交流中，双方的影响是相互的[一]。30 几年前，[二]我曾写过一篇文章，并给它起了个颇有讽刺意味的名字《如何糟糕地展示数据》。在书中，我选取了十几个数据展示存在缺陷的例子，并提出了改进建议。我所举的例子大多选自《纽约时报》和《华盛顿邮报》，选取这些案例也并没有花费多少时间，事实上，在报纸上找到这样的问题图表可真不是件难事。

令人欣慰的是，在这几十年间，这些报纸越来越关注业界实践的佳作，并大大改善了它们的数据呈现方式。确实，一旦考虑到这些数据常常体现出来的复杂性与有限的准备时间，那么其呈现结果也就可想而知了。

8 年前，我用了大概两周的时间在《纽约时报》上找到了一些引人注目的图表。同一时期，我发现了科学文献中描述类似特征数据的图表质量居然明显较差。以前我总倾向认为，以往科学家们通常表现更佳，而媒体给出的图表肯定是有瑕疵的。

然而，事实却并非如此。科学期刊中图表质量的提升赶不上媒体在这方面的进步。今年，我又做了一次同样的调查，还是得出了相同的结论。科学界是时候向传媒界学习了！

例一：饼状图

美国联邦政府喜欢使用饼状图，因此，当你看到描述政府收入的饼图时，也就见怪不怪了。当然，制图者觉得在饼状图中单独切出并

[一] 这篇文章可谓三易其稿。2007 年，它刊登在一本专为统计学家而作的杂志 *CHANCE* 上。2009 年，我出版了《绘制不确定世界》一书，它的修订版出现在第 11 章。2015 年，在我准备本书时，我认为这篇文章的内容比最初撰写时显得更为相关，因此，选择将再次修订后的内容放入本书。我非常感谢 *CHANCE* 杂志和普林斯顿大学出版社允许我重新使用这些文章的内容。

[二] Wainer 1984。

抽取一块表示政府在公司税方面的收入，可以更为“生动”地进行表达，但不幸的是，这样做在视觉上会放大其本身的真实比例。另外，将 2000 年和 2007 年的数据放在一起的目的，无非是想让读者能直观地发现该时间段内（差不多是小布什总统执政期间）各项目所发生的变化，然而，我唯一能看出的变化就是个人所得税在总收入中的占比变小（见图 9.1）。

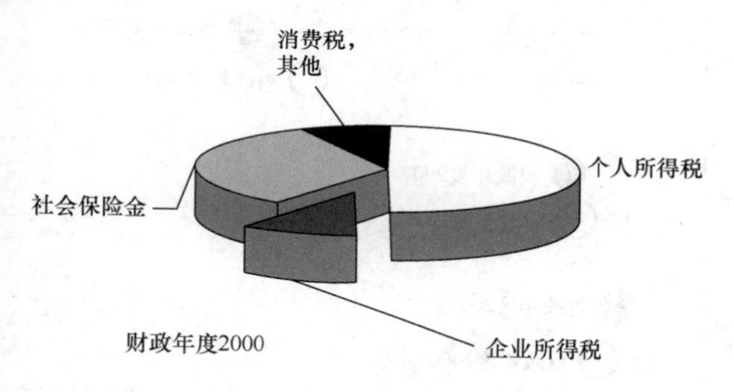

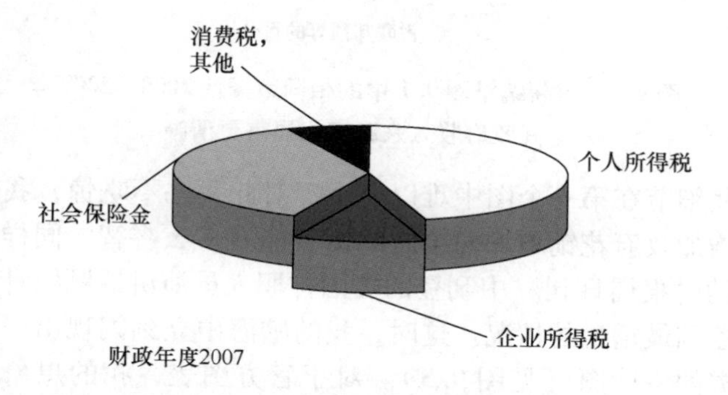

图 9.1　一张典型的 3D 饼状图。此图与大多数同类统计图不相上下，根据美国政府的预算数据得出（http：//www. whitehouse. gov/omb/budget/fy2008/pdf/hist. pdf）（访问时间：2008 年 12 月 18 日）

我采用另一种形式重新绘图展示了这些数据（见图 9.2），立刻就能得出结论：个人所得税收入的减少被社会保障缴费的增加抵消了，而众所周知的是，社会保险的作用在个人收入达到一定水平时就可以忽略不计。更准确地说，社会保障缴费的增加弥补了政府为富有阶层减税付出的代价。

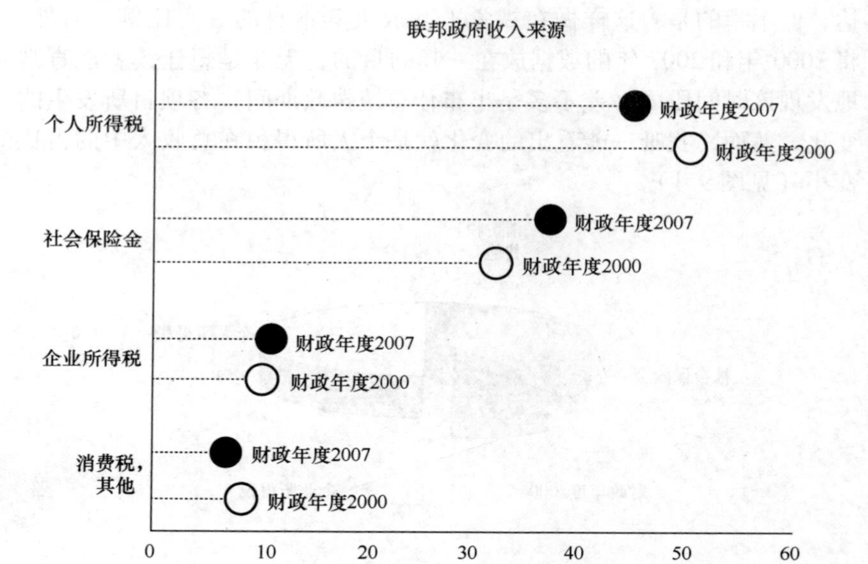

图 9.2　重新编排图 9.1 中的相同数据使 2000—2007 年间政府收入来源变化显得更清晰

这些细节在第一个图中难以显示，对此我并不吃惊，我从来不指望专为增加政府花销增加而绘制的图表能有多么睿智。同样，当我看到《纽约时报周日刊》中刊登的美国神职人员演讲话题统计表时，我也能想象到最糟糕的情况。这时，我的脑海中立刻闪现出一张呈现了这些数据的饼状图（见图 9.3）。对于官方图表，我的想象力只能到此为止，图表上会呈现两个维度的内容，不同类别的话题内容按占比大小进行排列。

然而结果图 9.4 却令我喜出望外[㊀]。这张图（由名为“Catalogtree”的组织制作）展现的是饼状图的一个变体：所有分区部分以相同的角度朝向中心，而代表该分区内容的射线长短与其真实数量成正比。相对于传统的饼状图，该图的优势不言而喻，便于一组数据在不

㊀ Rosen 2007。

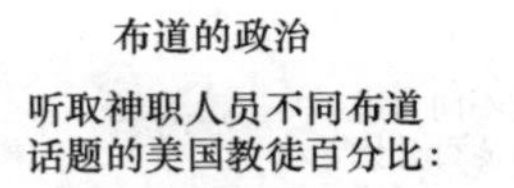

布道的政治
听取神职人员不同布道
话题的美国教徒百分比：

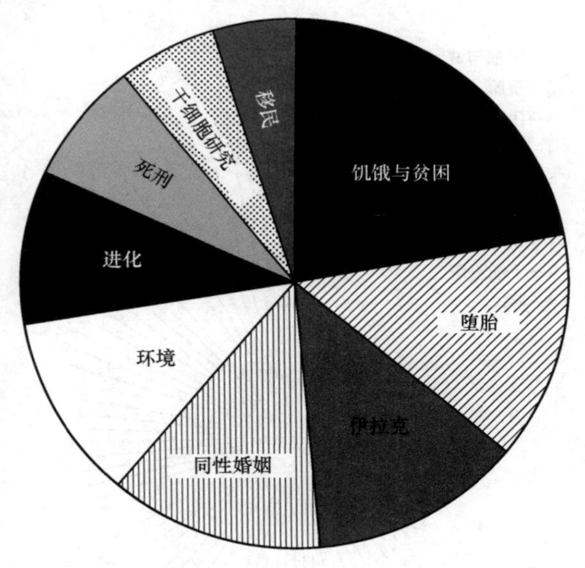

图 9.3 一张典型的饼图描述了美国神职人员对各种话题的热衷度

同的年份或不同的地区或任何其他层面进行比较。为此，各分区类别的调查数据总是出现在相同的位置，而不像饼图 9.1，代表着不同分类的位置总是随数据的变化而变化。另外，将图 9.4 与图 9.1 的饼状图进行比较，图 9.1 中有一部分被分离出去了，除了能误导读者，我还真想不出有什么理由非得这样做。而图 9.4 中，代表饥饿与贫穷话题的那一分区被延长，吸引了读者的注意力，因为这个话题确实大大超过了教堂中讨论的所有其他话题。

这一设计也体现了相当的历史意识，唤起了人们对弗洛伦斯 · 南丁格尔（1858）著名的克里米亚战争玫瑰图的记忆（见图 9.5）[⊖]。当时，南丁格尔利用玫瑰图震撼地揭示出由于卫生条件致死人数远远超过战争负伤导致的死亡人数，她凭借这一数据展示有效地促成了军事

⊖ 也刊登于 Wainer 2000 第 11 章。

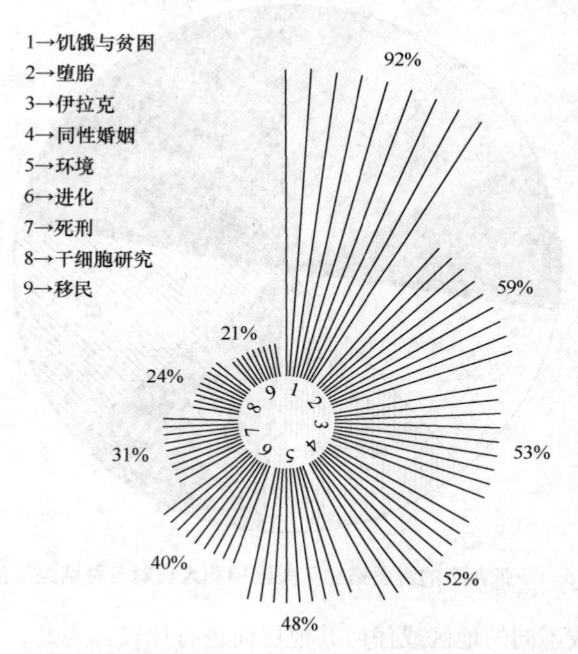

图 9.4　《纽约时报周日刊》2007 年 2 月 18 日的一幅图（第 11 页）将图 9.3 中描述的数据以南丁格尔玫瑰图呈现

部战场卫生政策的改革。

遗憾的是，这种细致入微的呈现方式存在一个小缺憾，它会扭曲我们的认知。在图 9.5 中，每一分区的半径长度与其代表的百分比成正比，但在视觉上更多影响我们的是某一分区的面积，而不是半径。因此，半径的长度需与其代表的百分比的平方根成正比，才能使每一分区的面积被正确地感知。而按这种方式的表示应如图 9.6 所示。

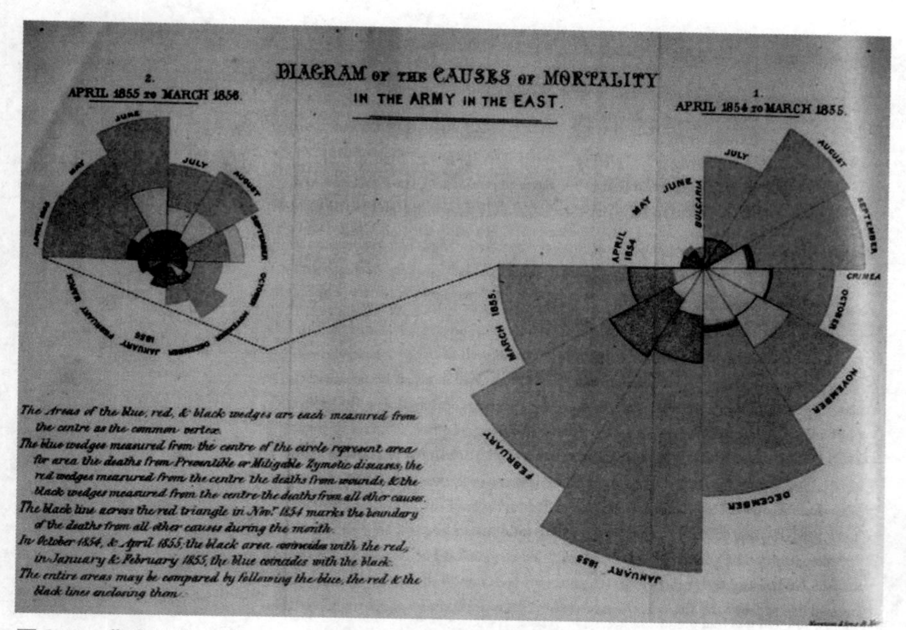

图 9.5　弗洛伦斯 · 南丁格尔著名的“鸡冠花”展示图的重新绘制版本（后被称为南丁格尔玫瑰图）显示了一年中每个月死亡率的变化

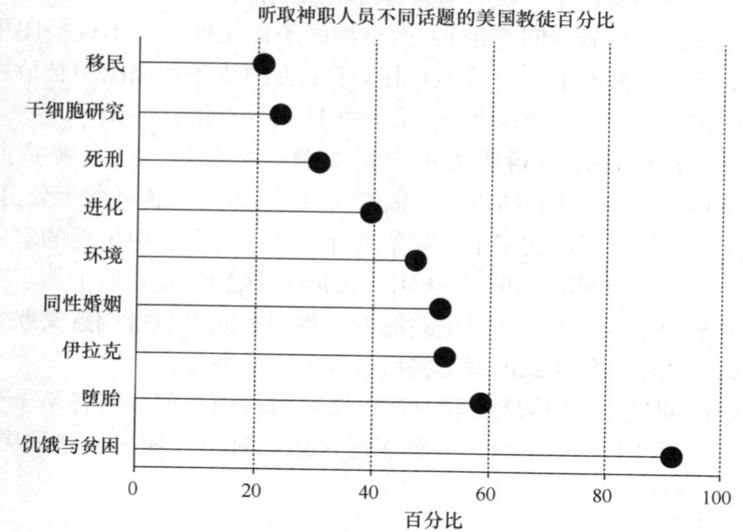

图 9.6　用点线图重新显示图 8.3 与图 8.4 中相同的数据

媒体工作者可能会抱怨图9.6样式呆板，在视觉上也不如《纽约时报》图表（图9.4）那样突出强调“贫困与饥饿”话题。是的，确实不能，但这也正是我想说的。尽管饥饿和贫困确实是最常提及的话题，但还不至于达到图9.4带给我们的相对其他话题如此之高频的印象。**好的数据呈现应该带来全面而有效的沟通，而给人错觉的图表无疑在描绘一则谎言。**

例二：线条标签

1973年，公认的现代图表杰出理论家雅克·贝尔廷（Jacques Bertin）解释，**制作图表时最好对图中的每个元素直接标记。**解释每个元素时，他建议将这种方式作为首选，替代使用附加图例定义每一个要素的做法。他认为当直接标记的两者一起呈现时，你可以同时去感知它们，而不是先看一眼线条，再看一眼图例说明，最后再将图例与线条相匹配。

但是这个建议却很少被采纳。比如，密歇根州立大学的马克·雷克斯（Mark Reckase）[㊀]在一个只有两根线条的简单图表中，决定不直接标记线条（尽管空间充足），而是插图予以说明。且不说插图中两条线的顺序还颠倒了——图9.7中位于上方的线条在插图中被放在了下面的位置，容易造成读者一不留神可能就会看错。

图表标记还能做得更差的吗？如图9.8所示，选自普费弗曼（Pfeffermann）和蒂勒（Tiller）撰文[㊁]，该图如此绘制可谓十分勇敢。其图解藏置于图下的文字中，线条解释的顺序与图表中出现的顺序不一致。甚至，“BMK”和”UnBMK”的唯一区别就是在线上加了一些极难分辨的小点。如果还有更差的方法将图表元素与指代意义联系起来的话，我唯一能想到的就是将后者放到附录中去。

《纽约时报》在信息呈现的有效性方面表现如何？回答是十分令人满意。图9.9给出了两个大致接近《纽约时报》图表风格的图例，

㊀ Reckase 2006。

㊁ Pfeffermann和Tiller2006。

描述了100年间纽黑文市（New Haven County）的就业情况。每张图中的线条都被直接标记了不同的产业部门，让我们一眼就能看出制造业部门就业的下降情况。接下来的一周，《纽约时报》另一张图则展示了30年间5个序列的就业趋势变化，该图被重新绘制并修改过，参见图9.10。在该图中，由于线条较长且相互交错，读者可能不能准确识别线条。因此，在线的两端都标记了相关内容，大大改善了这种问，这是个好主意，值得我们在遇到类似问题时学习借鉴。美中不足的是，在先前的原图里，制图员将不同的时间段（有时相隔一年，有时相隔两年）在横轴上做了等间距的刻度线，这就有点让人疑惑了。

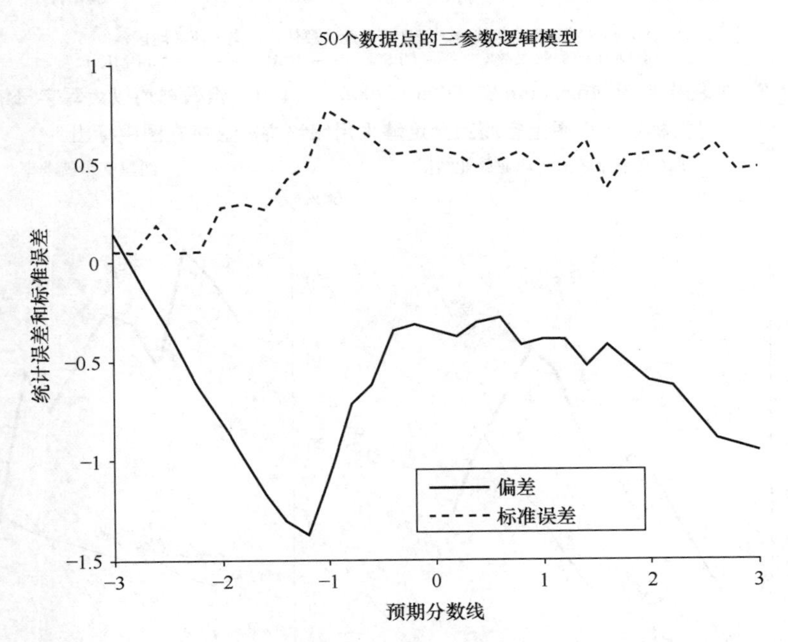

图9.7 本图选自Reckase（2006），此图并未直接标识图线，而用图例来标识——事实上这些图例的顺序与数据显示顺序也并不匹配

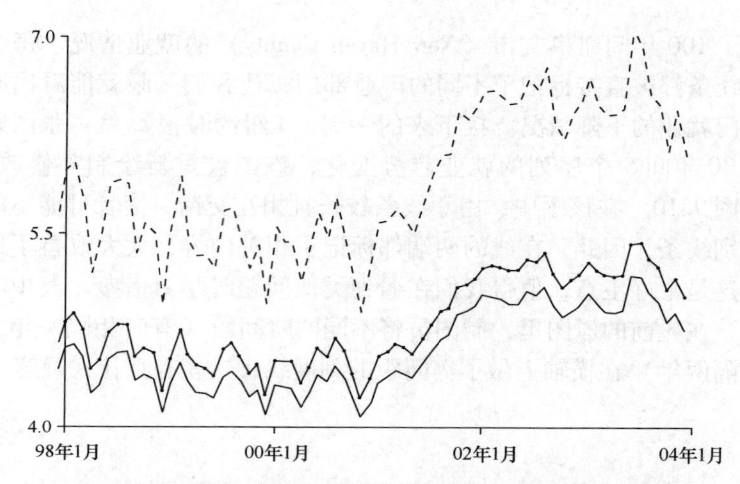

图 9.8　本图选自 Pfeffermann 和 Tiller（2006），其中三组数据均以大写字母缩写进行标识，而图上空间完全足够采用完整拼写直接在图中标出

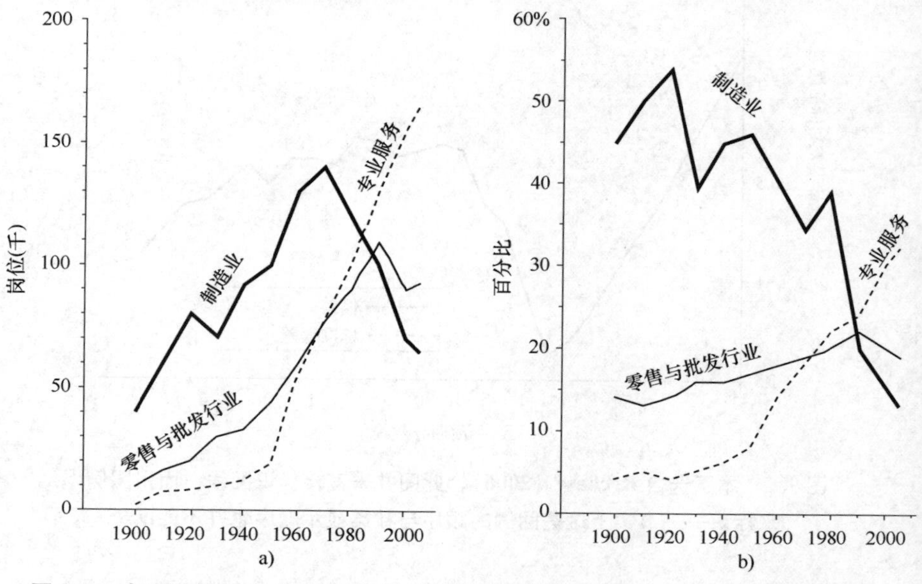

图 9.9　本图源自 2007 年 2 月 18 日《纽约时报》"Metro" 版面，展示了两幅图，各包含三条线，每条线都被直接标识。见图 9.9a 和图 9.9b

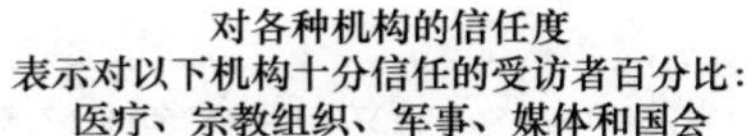

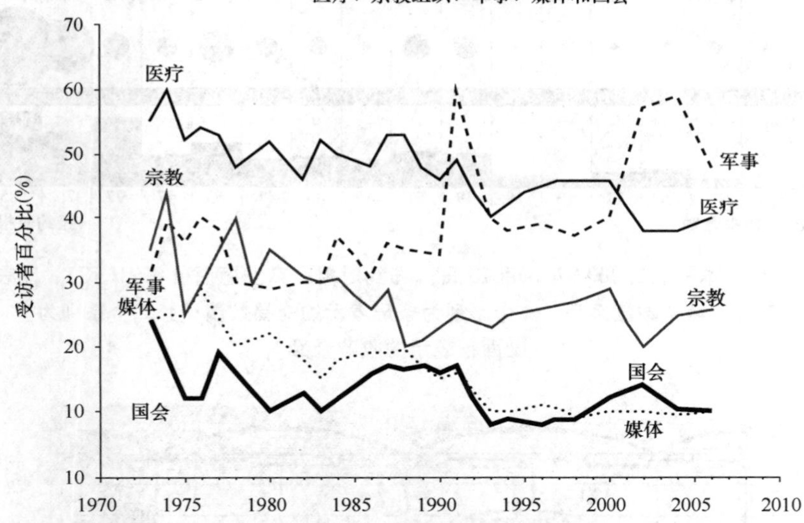

图 9.10　本图源自 2007 年 2 月 25 日《纽约时报》“周闻回顾”版面（第 15 页），图表采用了五条较长的图线，图线两端都被直接标识，即使图线交错也易于识别

例三：利用普莱费尔图来衡量中国产业增长

《纽约时报》2007 年 3 月 13 日的商业版面上刊登了一张图，探讨了中国经济增长带来的一系列收购活动的增加。如图 9.11 所示，该图显示了两个数据序列。第一组数据显示了 1990 年至 2006 年期间中国用于海外收购的资金数额，第二个数据序列则显示了不同时间段此类收购发生的数量。

总而言之，该图的形式可以算作原创，但很大部分借鉴了威廉·普莱费尔（William Playfair）的制图方式。首先，在同一图表中列出两组截然不同的数据，让人很自然地联想到普莱威尔曾将技工的工资与小麦成本进行对比（见图 9.12）㊀。绘图显示中国收购支出时，学者们不得不面对这段时间内的巨额增长，如果采用线性标度则难以显

㊀ 详细讨论见 Friendly 和 Wainer 2004。

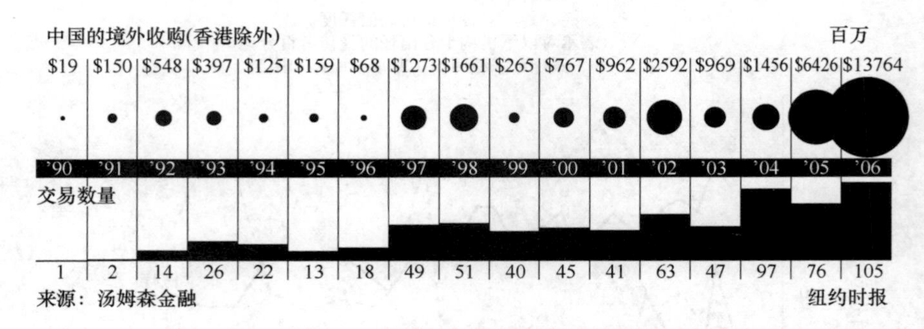

图 9.11　本图取自 2007 年 3 月 13 日《纽约时报》商业版面（第 C1 页），图表呈现了两个数据系列。一个系列为条形表示的交易数量；第二个系列为圆面积表示的收购金额

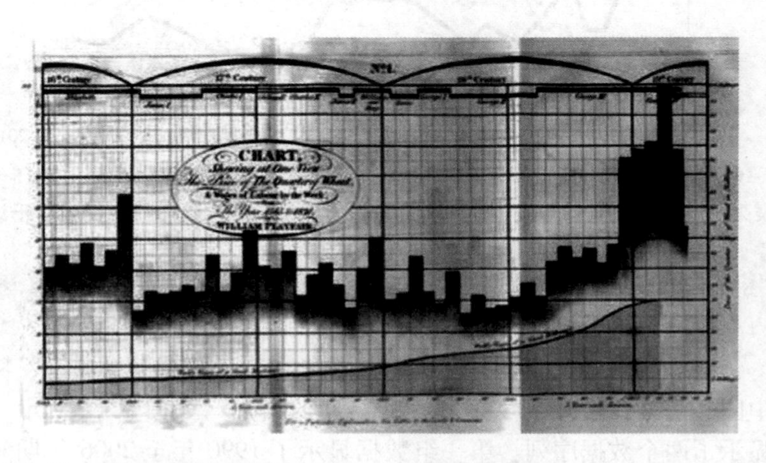

图 9.12　本图选自普莱费尔，1821。该图含两组用于对比的数据。第一组数据是用线条表示的“优秀技工的周薪”，第二组是用条形表示的“四分之一磅小麦的价格”

示出其早期的变化。于是，他们的解决方案是借用普莱费尔 1801 年《统计学摘要》中对印度斯坦进行分析绘图的方案。普莱费尔将印度斯坦各地的区域大小绘成一个个圆圈（见图 9.13）。圆的面积与各区域的面积成正比，而圆的半径与面积的平方根成正比。因此，通过在一条公共线上排列圆圈，我们可以比较出圆的高度差异，这实际上已经转化成了面积的平方根。这种视觉转换有助于将不同的数据点放置在更合理的尺度上。

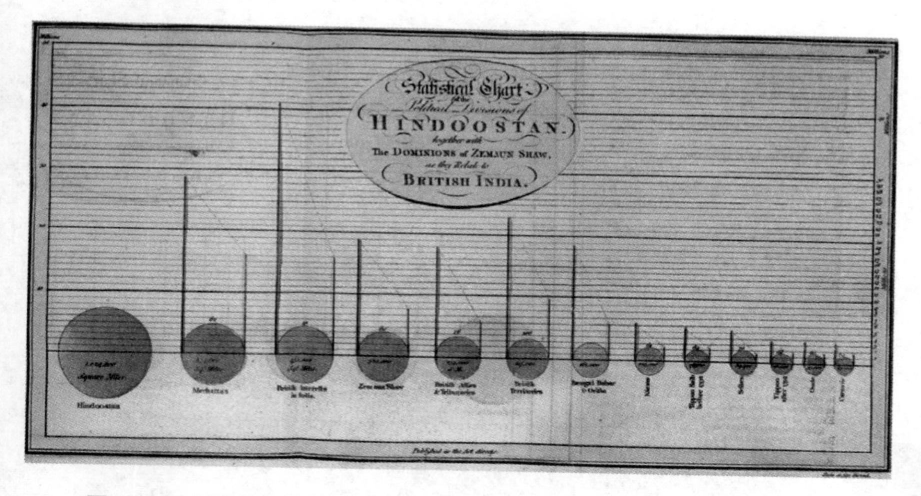

图 9.13　本图取自普莱费尔，1801。该图含三组数据。每个圆的面积与所示地理位置面积成正比。每个圆圈左边的垂直线表示居民的数量，以百万计。右边的垂直线则表示该地区的收入，单位为百万英镑

《纽约时报》关于中国不断增长的收购报道有两处吸引人的地方。首先，它包含有 34 个数据点，按传媒的标准算得上数据丰富，能够生动地显示两组数据在 17 年间同一时间段的增长。尽管比不上普莱费尔所偏好一个世纪或以上的时间目标，但在现代社会中，变化节奏大大快于 18 世纪，17 年的跨度往往已经足够了。其次，通过使用普莱费尔绘制的圆圈还使我们可以在更大的范围内比较收购支出。

其他的替代方案会表现得更好吗？有可能。图 9.14 是个双图显示，其中每个图板承载一组数据。图 9.14a 是一个直截了当的散点图，显示了中国在过去 17 年中发生的收购数量的线性增长。拟合线的斜率告诉我们，这 17 年中，中国的收购案数量平均每年增加 5.5 次。如果采用柱状图将无法揭示此关键细节，但散点图中的拟合回归线却可以清楚地彰显。图 9.14b 显示了 17 年中同期用于收购的资金数额的增加趋势。该图是按对数刻度绘制的，其总体趋势用一条直线就能很好地描述。该线在对数刻度上的斜率为 0.12，相当于每年增加约 32%。因此，这 17 年的趋势表明，中国每年收购的资产数量在不断

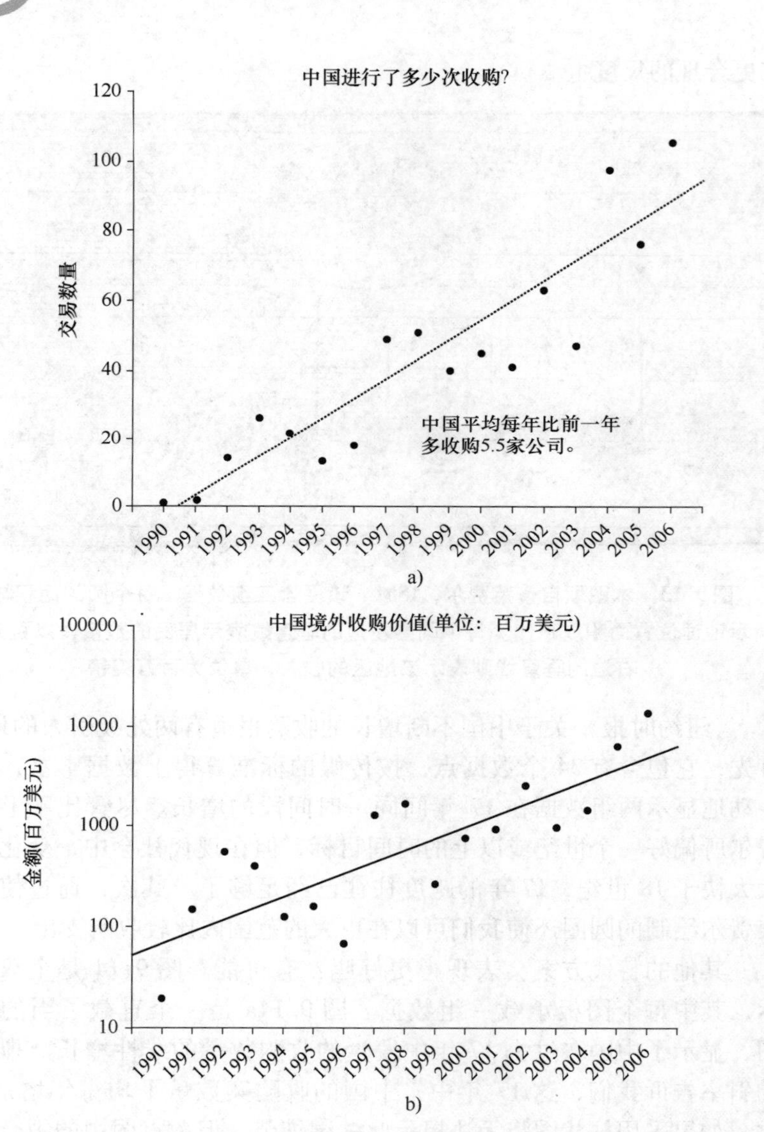

图 9.14　图 9.11 中的数据被重新绘制为两幅散点图（图 a 与图 b）。金额统计图以对数刻度显示，它将金额与过去年份之间的关系线性化。两图中回归线的叠加便于读者对其增长率进行定量推断，而这些仅凭图 9.11 的图表无法实现

增加，而且收购的金额也越来越高。

使用线性变换的成对散点图和拟合直线的主要好处在于它们提供了定量指标去衡量中国的海外收购变化趋势。这使得图9.14与《纽约时报》有所区别，因为《纽约时报》尽管包含了进行这些计算所需的所有定量信息，但主要传递出来的却是定性信息。

哲学家证明太阳有多大，数学家则确定其大小[㊀]。

——塞涅卡，《道德书简》88.27

结论

威廉·普雷费尔在200多年前就为有效数据展示设定了高标准。自那时起，许多规则被汇编成册，不少书籍对优秀的图表实践进行了详细地描述和举例说明。所有这些都对图表实践产生了影响。不过，从我收集的简单样本来看，其对大众传媒的影响要比对科学文献的影响更为深远。我不知其所以然，但我推断可能有两个方面的原因。第一，科学家一般使用手头的软件进行制图，并倾向于接受该软件的默认选项。在这里，我猜想，大市场大众媒体的制图者们有更多的预算，并更具灵活性。第二个导致糟糕图表实践持续存在的原因，与爱因斯坦关于错误科学理论持续存在的看法有点类似："旧理论永远不会消逝，消逝的是那些相信它们的人"。

伴随着文字阐释，图表是一个优秀的、能有效沟通量化特征的非语言伙伴。法国国王路易十六也是一位业余的地理爱好者，他收集了许多精致的地图，当他第一次看到普莱费尔发明的统计图表时，他立即明白了其意义和重要性。他说，"这种表达超越了语言，而且非常清晰，易于理解"。这一明确性的要求是我之前对"似实"定义的正交补集。如果图表给人的印象模糊，甚至错误，那么其所讲述的事实

㊀ 这句话在书中的原文是"Magnum esse solem philosophus probabit, quantus sit mathematicus."，作者在注释中给出了粗略的英文翻译"while philosophy says the sun is large, mathematics takes its measure."

也多为无用。媒体倾向于避免使用像散点图那样清晰明了的数据展示，可能是觉得它们过于沉闷或太技术化了。而科学界避免使用明确的呈现，则可能是因为有些科学家未接受过清晰表达与沟通的培训，和/或缺乏对读者的同理心。我认为出于无知误导读者是轻微的犯错。无知可以通过训练来纠正，但仅仅为了证明自己的观点，借似实之名结论，这可是一种严重的恶行。正如我们在讨论压裂法和废水注入对俄克拉荷马州地震的影响时所看到的（第 6 章），其实，明确性问题从来都不是难题。恰恰相反，有些人的目标就是要混淆这种明确的关系。我担心，我阐述的有些数据呈现可能混淆视听的情况也许无意中就帮助了那些意欲掩盖真理的人。但愿不会！

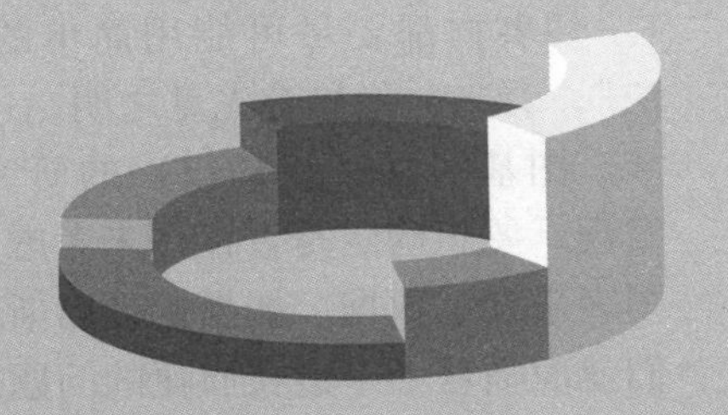

第 *10* 章

由内而外的图表

现代世界充满了复杂性，大多数情况下描述这个世界的数据也必须反映其复杂性。只有一个自变量和一个因变量的统计问题往往只存在于课本中，现实世界充斥的都是多元变量和相互关联变量，因此，凡是无法体现复杂性的数据展示都会误导我们。爱因斯坦曾说过："一切事物都要尽可能用简单的方法来处理，但不存在更简单的方法"。看来，他早有先见之明。

图基（Tukey，1977）的研究（我们在第二部分引言中讨论过）发现，要想确定是否存在未考虑周全的变量，最好的办法是精心设计图表来展示数据。如果把爱因斯坦的观点和图基的观点结合起来，我们就面临着一个迫在眉睫的问题。大多数数据显示都建立在二维平面基础上，要尝试在二维平面上展示三维、四维或者更多维度的数据，就需要打破常规的在图表空间上表示数据的方法，比如，打破通常采用更大柱形、更大扇面、更高直线或任何其他笛卡儿表示法来表示较大数字的方法。

值得庆幸的是，目前已经出现了许多在二维平面上巧妙显示多元数据的方法[㊀]。

40 年前，耶鲁大学的约翰·哈蒂根（John Hartigan）提出了一种简便的方法来研究多元数据。这就是所谓的"由内而外的绘图法"。由于大多数数据最初是以表格的形式出现，那么我们使用半图解的方式来观察这些表格数据也是合乎逻辑的。"由内而外的绘图"缘于这样的想法。有时候，一张设计精良的表格带来是数据的有效展示，我们完全有希望通过表格创新来帮助我们在二维图上分析多维数据。

在诸多关于数据呈现的讨论中，最好的解释方法就是举例。电影《点球成金》的火爆为我们提供了一个很好的讨论话题。

㊀ 包括：

（1）包含多个特征的图标，每个特征都与一个变量配对，图标的大小或形状与变量大小有关，例如多边形或卡通人物。

（2）复杂的周期函数，其中所表示的每个变量分别与单独的傅里叶分量配对。

（3）米纳德宏伟的六维地图显示了拿破仑命运多舛的俄国征途，初始如同一条湍急的从波兰汇入俄国的河流，在俄罗斯寒冬的吞噬中，其从莫斯科撤回时变成了一条势弱的小溪。

以及很多其他的方法。

多元变量例子：乔·莫尔与其他不朽球星的对比

2010年2月17日《今日美国》上有一篇关于明尼苏达双城队全明星捕手乔·莫尔的文章。不管用什么标准来衡量，莫尔在美国职业棒球大联盟前六年都表现非凡，尤其从进攻的角度来看更是如此（那段时间，他赢得了三项打击王的称号）。这篇文章的作者（鲍勃·南丁格尔，Bob Nightingale）通过将莫尔的进攻数据与其他五名优秀捕手前六年的数据进行比较来加强自己的观点。他给出的数据如表10.1所示。

表10.1　六大捕手职业生涯前六年的进攻统计

球员	年份	上场打数	得分	安打	本垒打	打点	击球率	上垒率	长打率	整体攻击指数
乔·莫尔	2004—2009	2582	419	844	72	397	0.327	0.408	0.483	0.892
米奇·寇克兰	1925—1930	2691	514	867	53	419	0.322	0.402	0.472	0.874
尤吉·贝拉	1946—1951	2343	381	701	102	459	0.299	0.348	0.498	0.845
强尼·班齐	1967—1972	2887	421	781	154	512	0.271	0.344	0.488	0.822
伊凡·罗德里奎兹	1991—2006	2667	347	761	68	340	0.285	0.324	0.429	0.753
迈克·皮耶萨	1992—2007	2558	423	854	168	533	0.334	0.398	0.576	0.974

整体攻击指数＝上垒率＋长打率。

如何看出这些数据究竟传递出什么信息呢？显然，我们必须要以某种方式总结所有这些进攻类别的数据，但该怎么做呢？它们是来自不同位置和不同规模变量的混合体。击球率0.327比102的回本垒得分更好吗？乌鸦怎么会像写字台呢？对它们进行比较和总结之前，我们应该把所有的变量放在同一尺度上进行比较。我们将分两个步骤来做这件事。首先，通过减去每一列的中间值来将每列数据中心化，然后将每一列缩放在一个通用的度量标准上。一旦完成，我们可以对每列进行比较，得出每位球员的整体表现水平。这样操作后，下一步就会明朗起来。

但是我们首先应整理一下表格，我们可以先删除比赛年份那列。

它可能提供一些背景信息，但本身并不是成绩统计数据。另外，由于OPS整体攻击指数只是另外两列数据之和（上垒率和长打率），保留它只会给该变量增加额外的权重。由于没有理由重复计算这些数据，所以，**我们也将省略 OPS 列**。表格缩减后成为表 10.2，在该表中，每列下面都增加了该变量的中位数。这种扩展使我们可以很容易地回答一个显性问题："这个变量的典型值是多少?"我们之所以选择中位数，而不是平均值，是因为我们需要一个稳健度量，而不至于受到异常数据点的过度影响，不会一旦去除极端数据点就会更加突出。另外，由于它仅仅是中间值，也很容易计算。

表 10.2　原始数据（不含年份和整体攻击指数，含列中位数）

球员	上场打数	得分	安打	本垒打	打点	击球率	上垒率	长打率
乔·莫尔	2582	419	844	72	397	0.327	0.408	0.483
米奇·寇克兰	2691	514	867	53	419	0.322	0.402	0.472
尤吉·贝拉	2343	381	701	102	459	0.299	0.348	0.498
强尼·班齐	2887	421	781	154	512	0.271	0.344	0.488
伊凡·罗德里奎兹	2667	347	761	68	340	0.285	0.324	0.429
迈克·皮耶萨	2558	423	854	168	533	0.334	0.398	0.576
中位数	2625	420	813	87	439	0.311	0.373	0.486

现在表格已经得到整理，**我们可以通过减去各列的中位数来将所有列中心化**。列中心化变量如表 10.3 所示。在所有列都中心化之后，我们看到每列中的数值都有很大变化。例如，打点（RBI）那一列，伊凡·罗德里奎斯得分比中位数少 99 分，而迈克·皮耶萨得分比中位数多 94 分，两者差距相差足足 193 分。但将该指标与平均击球率（batting average）相比，强尼·班齐的平均击球率比中位数低 0.040，而迈克·皮耶萨的平均击球率比中位数高 0.024，两者相差 0.064。我们该如何比较 0.064 的平均击球率与 193 分的打点值呢？似乎这又是风马牛不相及的例子。显然，为了进行比较，我们需要平衡每一列中的变量。我们很容易通过计算每列中的变异量，然后，通过将该列的所有元素除以该偏差数据来实现。但如何操作呢？

表 10.3 表 10.2 列数据减去列中位数所得结果

球员	上场打数	得分	安打	本垒打	打点	击球率	上垒率	长打率
乔·莫尔	-43	-1	32	-15	-42	0.017	0.035	-0.003
米奇·寇克兰	67	94	55	-34	-20	-0.012	0.029	-0.014
尤吉·贝拉	-282	-39	-112	15	20	-0.012	-0.025	0.013
强尼·班齐	263	1	-32	67	73	-0.040	-0.029	0.003
伊凡·罗德里奎兹	43	-73	-52	-19	-99	-0.026	-0.049	-0.057
迈克·皮亚扎	-67	3	42	81	94	0.024	0.025	0.090
绝对中位差	67	21	47	27	58	0.020	0.029	0.013

注：所得绝对中位差。

在每一列的底部，我们给出了中位数绝对偏差（MAD），这是所有项的绝对值的中位数。MAD 是一种稳健的数值分布[一]。我们采用 MAD 代替标准差的原因和我们采用中位数的原因完全相同。

现在我们有了一个稳健的测量度量，可以用每一列除以该列的 MAD 值[二]，这一做法能帮助我们总结每个球员在不同指标上的表现。因为，所有项目都已归一化，我们可以通过获取每横行变量数据的中位数来进行分析，我们将该中位数阐释为球员的进攻价值——或可称之为球员效应[三]，如表 10.4 所示。

球员“效应”至少为这些数据所要回答的问题提供了部分答案。如果我们用这个“效应”对球员重新排序，我们可以更容易得出结果。重新排序后的数据如表 10.5 所示。

现在，我们可以一眼看出，在这支杰出的球队中，迈克·皮耶萨（Mike Piazza）是表现最好的进攻性捕手，而伊凡·罗德里奎兹（Ivan Rodriguez）进攻性最弱。我们还能发现，乔·莫尔（Joe Mauer）显然属于这个杰出的群体，介于强尼·班齐（Johnny Bench）和尤吉·贝拉（Yogi Berra）之间。

㊀ 事实上，当数据是高斯分布时，期望值是标准差的固定比例。

㊁ 因此，每一列都可作为一种稳健的 Z 分数居中和缩放。

㊂ 在传统的统计术语中，这些是列标准化后的行效应。

表 10.4　以表 10.3 中每列数据除以该列绝对中位差得出数据录入，再计算每行中位数（球员效应）

	标准化列								球员
球员	上场打数	得分	安打	本垒打	打点	击球率	上垒率	长打率	效应
乔·莫尔	-0.64	-0.05	0.68	-0.57	-0.73	0.83	1.21	-0.19	-0.12
米奇·寇克兰	1.00	4.48	1.17	-1.28	-0.35	0.58	1.00	-1.04	0.79
尤吉·贝拉	-4.23	-1.86	-2.40	0.57	0.35	-0.58	-0.86	0.96	-0.72
强尼·班齐	3.95	0.05	-0.68	2.53	1.27	-1.98	-1.00	0.19	0.12
伊凡·罗德里奎兹	0.64	-3.48	-1.11	-0.72	-1.72	-1.28	-1.69	-4.35	-1.48
迈克·皮耶萨	-1.00	0.14	0.89	3.06	1.63	1.18	0.86	6.96	1.03

表 10.5　将表 10.4 按行（球员）效应重新排列行序

	标准化列								球员
球员	上场打数	得分	安打	本垒打	打点	击球率	上垒率	长打率	效应
迈克·皮耶萨	-1.00	0.14	0.89	3.06	1.63	1.18	0.86	6.96	1.03
米奇·寇克兰	1.00	4.48	1.17	-1.28	-0.35	0.58	1.00	-1.04	0.79
强尼·班齐	3.95	0.05	-0.68	2.53	1.27	-1.98	-1.00	0.19	0.12
乔·莫尔	-0.64	-0.05	0.68	-0.57	-0.73	0.83	1.21	-0.19	-0.12
尤吉·贝拉	-4.23	-1.86	-2.40	0.57	0.35	-0.58	0.86	0.96	-0.72
伊凡·罗德里奎兹	0.64	-3.48	-1.11	-0.72	-1.72	-1.28	-1.69	-4.35	-1.48

当然，如果我们再将球员效应显示为茎叶图（见图 10.1）㊀，我们也能立即看出这些捕手之间的差异。

但这只反映出该数据集中包含的部分信息。第二个问题，至少与整体排名同等重要，就是要了解球员在一个或多个成分变量上的任何不寻常的表现。要想了解他们的表现水平，我们必须首先通过减去表中的行效应来将其删除，然后，查看各项残差，结果如表 10.6 所示。表的右侧为球员效应，其条目是双重中心化和列缩放的残差。如果我

㊀ 约翰·图基提出的茎叶图是一种简单、快速显示单个变量分布情况的显示方法。等距离间隔的数字垂直排列为茎，代表研究中的数字列表，而叶片就是与这些数字相关联的标签。

们想要了解特定球员在一个或多个不同指标方面表现出异常突出或糟糕的特点，那么我们就得花时间去仔细研究这些残差。但是该如何研究呢？

1.0	迈克·皮耶萨
0.8	米奇·寇克兰
0.6	
0.4	
0.2	强尼·班齐
0.0	
−0.2	乔·莫尔
−0.4	
−0.6	
−0.8	尤吉·贝拉
−1.0	
−1.2	
−1.4	伊凡·罗德里奎兹

图 10.1　球员效应茎叶图

表 10.6 的格式完全是标准格式。表格外有标签，内有数字。要想直接观察此表中的结果并开始讨论本章的主题，我们须将表由内而外进行翻转，将数字放在外面，而将标签放在里面。

表 10.6　将表 10.5 去掉行效应，建立双中心列标度数据矩阵

球员	标准化列								球员效应
	上场打数	得分	安打	本垒打	打点	击球率	上垒率	长打率	
迈克·皮耶萨	−2.03	−0.89	−0.14	2.03	0.60	0.15	−0.17	5.93	1.03
米奇·寇克兰	0.21	3.69	0.38	−2.07	−1.14	−0.21	0.21	−1.83	0.79
强尼·班齐	3.83	−0.07	−0.80	2.41	1.15	−2.10	−1.12	0.07	0.12
乔·莫尔	−0.52	0.07	0.80	−0.45	−0.61	0.95	1.33	−0.07	−0.12
尤吉·贝拉	−3.51	−1.14	−1.68	1.29	1.07	0.14	−0.14	1.68	−0.72
伊凡·罗德里奎兹	2.12	−2.00	0.37	0.76	−0.24	0.20	−0.21	−2.87	−1.48

如图 10.2 所示，因为会有太多球员在某个变量上的残差基本为零，不需要明确输入他们的名字，于是我们使用了惯例的绘图符号/−/来表示所有未命名的球员。这一做法是明智的，他们在这个变量上的残差太小，没有特别的研究意义，故而将他们匿名。

	上场打数	得分	安打	本垒打	打点	击球率	上垒率	长打率
6								皮耶萨
5								
4	强尼·班齐	寇克兰						
3								贝拉
2	伊凡·罗德里奎兹			皮耶萨，班齐	班齐，贝拉			
1			莫尔	贝拉，罗德里奎兹	皮耶萨	莫尔	莫尔	—
0	米奇·寇克兰	莫尔，班齐	—	莫尔	罗德里奎兹	—	—	
−1	乔·莫尔	皮耶萨，贝拉	班齐		寇克兰		班齐	寇克兰
−2	迈克·皮耶萨	罗德里奎兹	贝拉	寇克兰		班齐		罗德里奎兹
−3	尤吉·贝拉							

图 10.2　标准化残差

即使快速浏览图 10.2 也可以立刻获得一些启发。我们看到强尼·班齐的击球次数异常高，而尤吉·贝拉和迈克·皮耶萨的击球次数，相比他们的总体排名，竟出乎意料的低。尽管米奇·寇克兰本垒打低于我们的预期，但他的得分却大大高于我们的预期。他们的打点数（RBI 指标）也比较正常。乔·莫尔似乎在三个重要的相关变量上表现突出：安打、打击率和上垒率而强尼·班齐在这些方面则处于或接近相反的极端。迈克·皮耶萨的长打率残差最大，甚至超过了尤吉·贝拉。

由内而外的反转设计为我们分析不同尺度上的测量数据提供了一种简单而又稳健的分析方法。我们并不否认用其他的方法也可以得出结论，只是这个方法简单又便捷地提供了一种查看拟合和拟合残差的方法。而且，除了电子表格需要进行的常规处理之外，它几乎不需要更多的特殊处理。

当然，对于这样一个只有 6 个球员和 8 个变量的演示案例，我们的主要观察结果也可以通过仔细研究组成表格（例如表 10.6）获得。如果球员样本增加，那么“由内而外”方法的价值将会更加明显。如果调查的球员都是有能力但不是全明星的捕手，那就能更清楚地证明乔·莫尔战绩的特别之处。查看一组并行的防御数据也可能会有帮助。我们猜想，如果真的做了这项工作，伊凡·罗德里奎兹可能会拥有更多光环。虽然更大的数据集会突显这一技术的威力，但也会让计算更加复杂，以上的实验数量规模刚好适合用于演示。

但这种方法可以扩展到什么程度呢？假设我们有 20 或 80 个捕手，“由内而外”的策略仍然有效，但需要做一些调整。首先，可以采用更简洁紧凑的表示法来代替捕手的名字。其次，请牢记近零的残差区往往是堆积最多的球员姓名，但却是我们最不关心的地方，仅用符号/ -/替换大量姓名即可。

第二个问题，也就是关于高度相关的变量的问题，在我们删除 OPS 列并将之视作冗余变量时就有所考虑了。我们必须决定应该包含哪些变量和省略哪些变量，但这些与绘图方法没有直接联系。即使我们包含了两个高度相关的变量，由内而外的绘图也会给我们指引，因为这两个变量的残差将看起来非常相似。像所有研究一样，由内而外的绘图方法通常会有迭代，上一张图往往为下一张图的制作提供了相关信息。

人们很容易能想到由内而外的绘图是动态扩展的过程。例如，为绘制由内而外的图表，可能需要准备一个程序，使得你一旦指向某位球员的名字，就会出现一条线连接所有的变量。还有一种策略，动态地构造一系列扩展版本，然后选择一些特别有趣的版本来生成一系列静态显示。我们留给读者一点思考的空间去设想各种可能性。

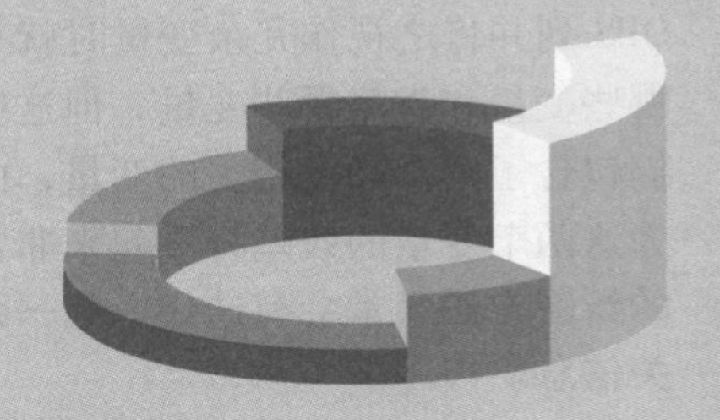

第 11 章

150 年的道德统计：绘制证据以影响社会政策

第 11 章　150 年的道德统计：绘制证据以影响社会政策

众所周知，每个掌握了一套完整地理数据的人都会需要一幅地图。

——简 · 奥斯汀，1817

1826 年 11 月 30 日，查尔斯 · 杜宾（Charles Dupin，1784—1873）发表了一篇关于大众教育及其与法国繁荣之间关系的演讲，自此，专题地图开始被广泛使用。当时，他使用了一张地图，并为在校男生数目与各省人口的比例进行了不同的着色。1830 年蒙提松（Frére de Montizon）绘制的法国人口地图在这一图示基础上进一步改善，他用圆点代表法国人口，每个圆点代表一万人。尽管在一个世纪的大部分时间里没人对此发表评论，但这可能是专题制图领域中最重要的概念突破。它也是 1854 年约翰 · 斯诺（John Snow）著名的伦敦霍乱流行地图的直属前身。斯诺的地图，如图 11.1 所示，使用柱形显示了霍乱致死发生的位置和人数，让斯诺能清晰地判断出霍乱致死者主要集

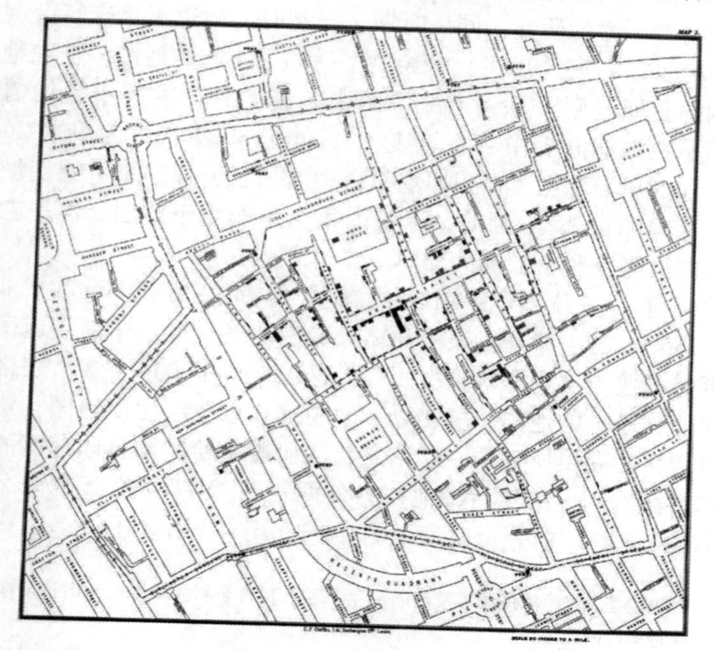

图 11.1　约翰 · 斯诺绘制的 1854 年伦敦霍乱分布图

中在宽街水泵的邻近区域。尽管当时尚不清楚霍乱的传染媒介㊀，但死亡空间分布与水泵相关的模式表明，这一传染病的发生极可能跟水泵有关。他请求圣詹姆斯教堂的教区委员会拆除了水泵把手，果然，不出一周，这场夺走了570条生命的瘟疫就结束了。图基（Tukey）认为图示法能出乎意料地帮助研究者发现新的变量，就这一点而言，该案例即使不是史上最佳，但肯定也能跻身前五。

约瑟夫·弗莱彻和道德统计地图

道德统计地图几乎都出现在同一时间段，主要关注犯罪的各个方面。最广为人知的是阿德里亚诺·巴尔比（Adriano Balbi，1782—1848）和安德烈·米歇尔·盖里（Andre－Michel Guerry，1802—1866）于1829年在地图中将教育普及率与犯罪发生率联系起来，开始了他们坚持不懈的研究。同一时期，比利时的阿道夫·奎特莱（Adolphe Quetelet，1796—1874）也绘制了一幅了不起的地图，他在地图中将法国的犯罪与财产联系起来，图中各省的着色度都不是均匀同一的，而是在内部分界中存在渐变。19世纪30年代，盖里（Guerry）扩大了他的研究范围，在犯罪和教育中增加了另外三个道德变量（私生子、慈善和自杀）。因此，**尽管道德图示诞生于英国，但是它的早期发展却成型于整个欧洲大陆**。

1847年，一位34岁名叫约瑟夫·弗莱彻（Joseph Fletcher，1813—1852）的大律师发表了几篇长文中的第一篇，于是，道德统计地图开始横渡英吉利海峡再次回归。这篇文章中采用了多个表格和一张简单而又基本的地图。事实上，他明确表示拒绝使用地图，建议读者浏览数字栏获得所需的一切信息，从而避免绘制和打印地图的繁杂过程和高额费用。两年后，他在另外两篇与1847年文章的同名作品（但篇幅长得多）中完全改变了自己的立场㊁，引入了许多在内容和

㊀ 讽刺的是，在伦敦疫情爆发的同一年，意大利人菲利波帕西尼指出霍乱弧菌是该病最可能的元凶。

㊁ 我们很难确切地知道是什么让弗莱彻彻底改变了想法，但他在1849年的论文中给出了一个具有启示性的暗示，他说：“这些表格附有一组阴影地图，以说明研究最重要的分支，我也尽力弥补了阿尔伯特亲王阁下指出的缺乏插图的缺憾”。

形式上都具有创新性的阴影地图，其中形式的创新格外引人注目。

弗莱彻具有统计学的背景，拥有至少在 19 世纪中叶可以称得上统计学的知识。他没有绘制原始的数字，而是画出了它们与平均值的偏差。所以，色调的范围从中间开始变化，这种方法现在很常见。然而，在 1849 年，这种方法绝对是一项创新。**将所有变量归为 0 的优势在于，弗莱彻得以在不同的主题和不同的比例尺上制备大量的地图，并将它们并排放在一起进行比较，而不必担心比例尺的位置。**用他的话说，他还用同样的方式尽可能地调整阴影。

可以看到，在所有的地图中，较暗的颜色和较小的数字都被分配到了比例尺中的不利端。(158；作者强调)

当然，对于像人口密度一类的变量，我们很难知道究竟是人口密度高，还是人口密度低更有利。他认为人口密度低更有利，据我们推测，可能是这样会给其他变量也带来有利的结果。**尽管弗莱彻在形式上的诸多创新都可圈可点，但真正让他与众不同的是他所选的主题内容。**他没有绘制明显的物理变量图，比如风向或海拔，甚至没有人口分布（尽管他绘制了一张人口图，但只是为了进行比较）。实际上，他有更深层次的意图。**约瑟夫·弗莱彻绘制了道德统计图，并将这些图与其他地图进行对比，用以发现因果关系并给出合理的阐释。**

例如，除了英格兰和威尔士的“文盲”统计图（见图 11.2）之外，他还制作了犯罪发生率的统计图（见图 11.3）。在对数据子集进行详细分析的基础上，他选择了将统计图并列进行比较的方法。例如，他写道：

我们由此发现在犯罪率和文盲程度最高的地区，“文盲率”的总体下降速度最慢。(320)

然后，他将此分析与并置的统计图上可观察到的现象联系起来，并阐释：

在有些区域，受教育程度最低的比率与犯罪率水平相当，从密德兰地区制造业集中的县城的偏南部，再到南密德兰和东部农业县，这个趋势十分明显……，现在采用的所有四种道德影响力测试都出现在受教育程度更高的地区。

接着，他从更微观的视角研究了这一现象，他指出：

犯罪率最低的两个地区在这方面处于相反的两极（凯尔特人和斯堪的纳维亚

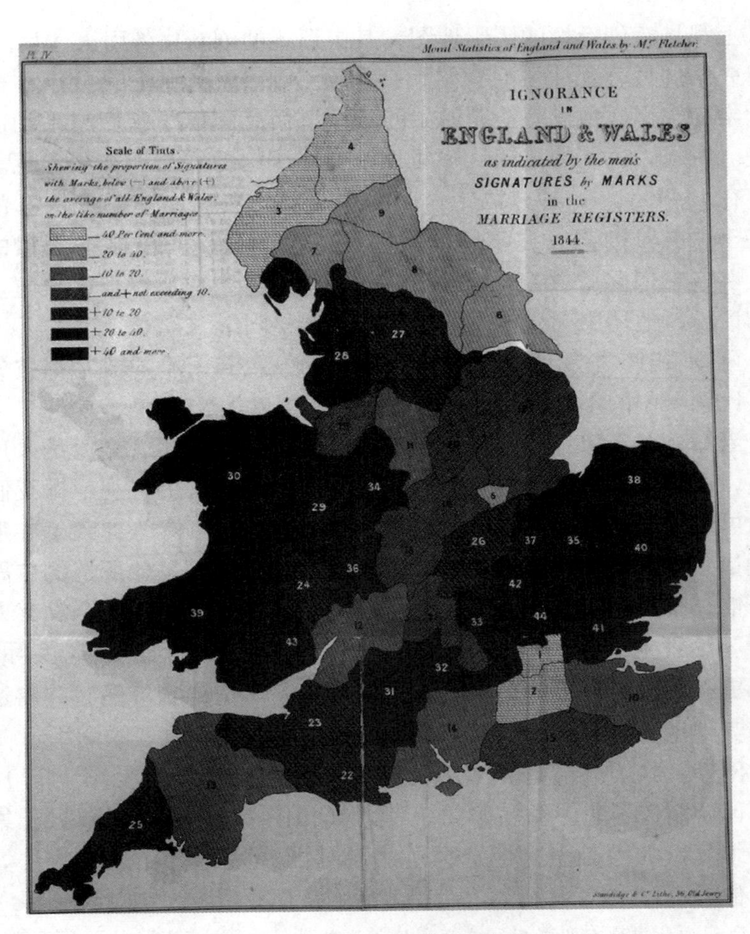

图 11.2　英格兰和威尔士地区的文盲分布，摘自弗莱彻（1849b）

人)，而这一重要区别在于，在罪犯中全文盲比例减少最多的地区（斯堪的纳维亚人)，全文盲人数还不到总文盲人口的一半，而在其他地区已经超过了一半。

除了上面的统计图外，他还绘制了平行的统计图来描述英格兰和威尔士的私生子现象，还有草率婚姻、无独立营生人群、贫困以及许多其他变量的统计图，这些变量被认为很可能与其他变量互为因果。他的目标在于提出假设并检验它们，以指导相应的社会活动和政府决策。

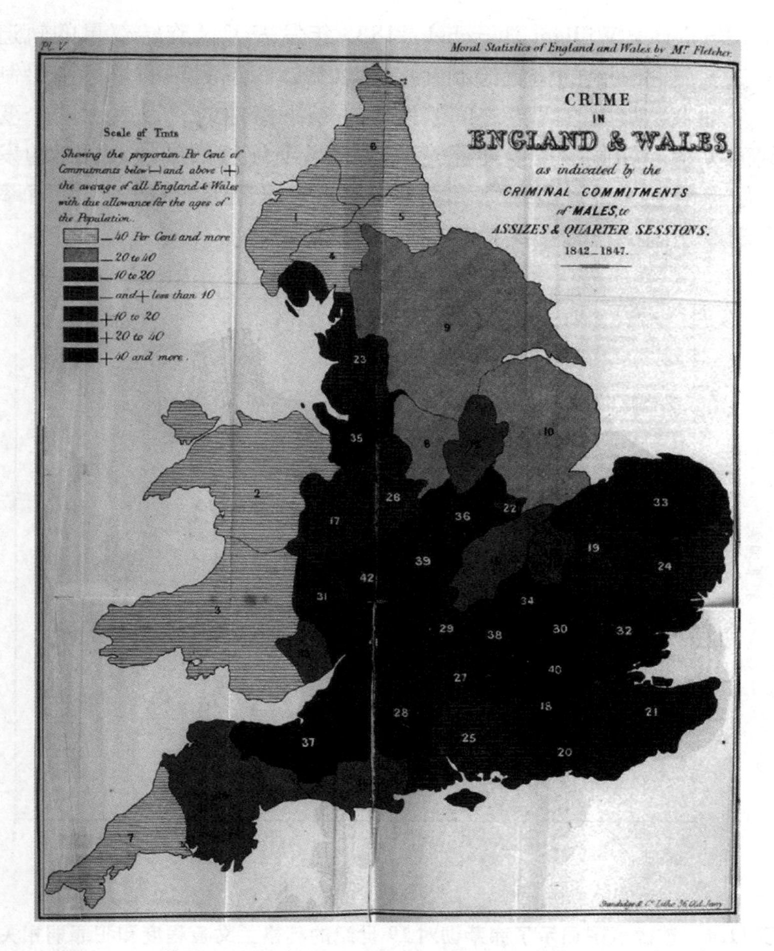

图 11.3　英格兰和威尔士地区犯罪分布，摘自弗莱彻（**1948b**）

尽管通过比较专题地图可以获得犯罪与文盲之间的关系以及这些关系的历时性变化情况，但是，即使采用现代分析和阴影着色技术，该过程也并不轻松，而且很难做到精确。弗莱彻创新性地使用了专题地图，但它可能并不是最理想的工具。假若弗莱彻对天文学感兴趣，那他很可能会想到一个更有用的工具——用散点图来描述这两个数据集之间的关系。英国天文学家约翰 · 弗雷德里克 · 威廉 · 赫歇尔

(John Frederick William Herschel) 1833 年发表了《旋转双星的轨道研究》一文，将恒星的位置绘制在一个轴上，而观测年的坐标则绘制在另一个轴上，接着在各点之间绘制了一条平滑曲线，以表示两个变量之间的关系。如此一来他便无意间成为了现代所谓的散点图[㊀]的发明者。散点图更清楚地说明了弗莱彻 1845 年研究的犯罪率和文盲率这两个变量之间的正相关关系（见图 11.4）。

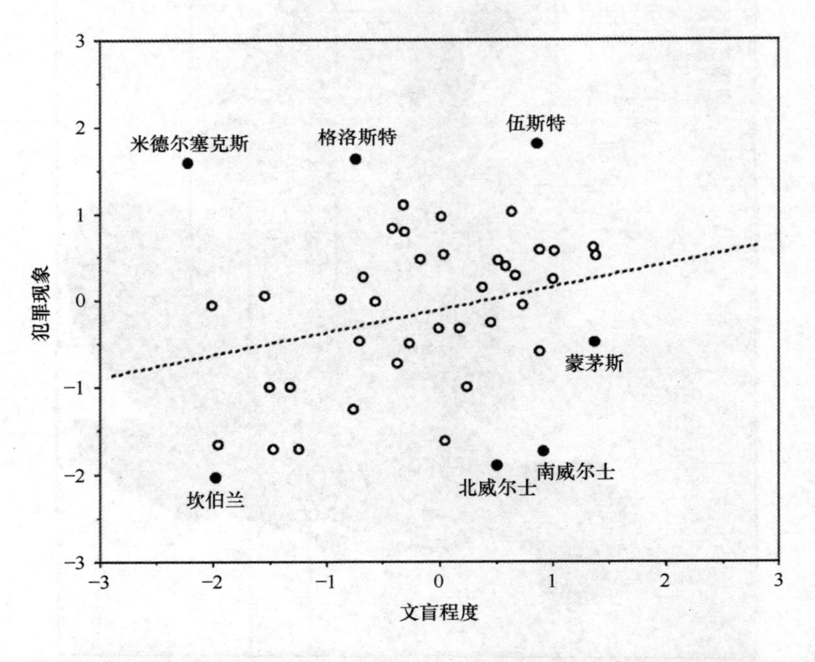

图 11.4　该散点图显示了弗莱彻对 19 世纪的英格兰文盲程度和犯罪弱相关关系的描绘，图中包含且标识了边远的郡县。所用度量为中值的标准偏差值

当代美国的枪支、谋杀、生死与文盲

弗莱彻（Fletcher）撰写论文的主要目的是为了影响人们对他认

㊀　Friendly 和 Denis 2005。

为关键的社会问题的看法。弗莱彻通过绘图得出了一项因果关系，他认为在改善学校教育的同时，文盲和犯罪也会减少。一个世纪后，人们用相同的数据进行了重新分析，结果表明，弗莱彻（Fletcher）所支持的改善公共教育政策达到了预期效果。

尽管我们坚信受教育程度与犯罪之间存在因果关系，但是也始终欢迎任何能够支持、甚至只是部分支持这一观点的实证。从表面上看，当代各种道德统计数据之间的关系似乎显而易见，但是，无论因果关系有多明显，不同的利益相关者都会对这些观点提出异议。所以，让我们看看弗莱彻书中提到的各种此类观点的证据。

我主要考察两种观点，并通过调用两种绘图方式进行论证。第一种观点是关于两个量化的变量之间的关系，例如，一个州持枪数量与该州枪杀人数之间的关系，我将通过散点图来描述这些观点。这些散点图显示了变量之间的关系，但承载的地理信息却很少。我们通过标识 2012 年总统大选中巴拉克·奥巴马（Barack Obama）的主要选票州（“蓝州”）和米特·罗姆尼（Mitt Romney）主要选票州（“红州”），为散点图添加了地理信息。

第二种观点更直接地涉及散点图中变量的地理分布。为此，我们将使用弗莱彻（Fletcher）150 多年前采用的等值线图的形式。在安德鲁·格尔曼（Andrew Gelman）[㊀] 2008 年制作总统大选地图的指导下，更新了弗莱彻的分级统计图形式。对每张地图进行阴影处理，位于中间值以上的州将标记为蓝色（离中间值越远，蓝色饱和度越高），这些州通常更具有正面形象（比如，谋杀案数量更少，居民预期寿命更长，文盲率更低，收入更高）；位于中间值以下的州用红色标记（取值越低，红色饱和度越高）。一个州的分数越接近中间值，颜色越淡，因此，处于中间值的州用白色标记。我们希望探寻生活的地理位置对人的命运有多大程度的影响。总是处于这些变量不幸端的各个州之间是否存在某种一致性？或许我们得出的观点可以用来建议这些州进行改革，以改善居民生活水平。又或者，如果这些州拒绝改变，这些地图至少可以引导居民迁往其他更宜居的地方。

㊀ Gelman 2008。

变量和数据源

变量 1. 一个州持有枪支数量。我们发现很难对此进行准确的估算，因此，我们采纳了 2012 年海军罪案调查处（NCIS）所做的各州居民持枪背景调查的数据，即每十万居民的持枪调查数据。我们推测，真实的持枪数量远远超过背景调查记录的数量，但我们认为两者的关系是单调的，背景调查记录的数量越多，该州的枪支越多。有些人可能认为，不强制要求持枪背景检查可以减少枪支暴力，但我们并不以为然。

变量 2. 来自 statehealthfacts. org 的每十万居民的枪杀死亡率。

变量 3. 2010 年至 2011 年美国人的预期寿命，数据来源：美国人类发展项目。

变量 4. 未受教育程度。我们使用了 2011 年美国国家教育进步评价（NAEP）的八年级阅读成绩（通常称为“国家成绩单”）来衡量各州人口的受教育程度。NAEP 分数数据是从全国随机选取的样本，所有年龄和学科跟分数之间都存在强烈的正相关关系㊀，因此，我们选择任何一个变量都具有代表性。我们选择了八年级的阅读成绩，但其他任何阅读成绩在本质上也能产生图示中的相同效果。弗莱彻当年把在结婚证上签“X”的人的比例作为他衡量文盲的指标，我们认为我们的选择至少表明了一些进步。

变量 5. 收入。2010 年美国人均收入，源自美国人口普查局 2012 年统计摘要。

阐述变量之间关系的观点

观点 1：一个州枪击死亡人数越多，该州居民的预期寿命就越短（见图 11. 5）。

观点 2：一个州登记的枪支越多，枪击死亡人数就越多（见图 11.6）。

观点 3：一个州的未受教育程度越高，枪击死亡人数就越多（见图 11. 7）。

㊀ 从技术上讲，它们在考试空间中形成了“多种紧密的正相关”。

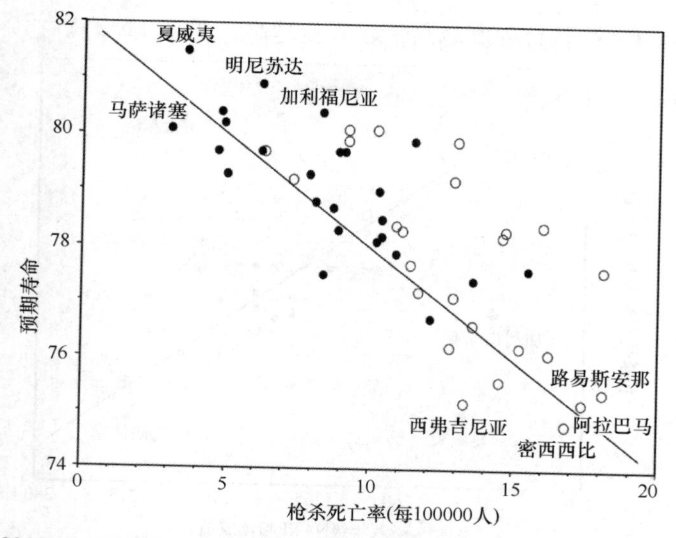

图 11.5　2010～2011 年预期寿命与各州每十万人枪杀死亡率的散点图。实心点表示 2012 年总统选举中支持奥巴马的州；空心点表示支持罗姆尼的州

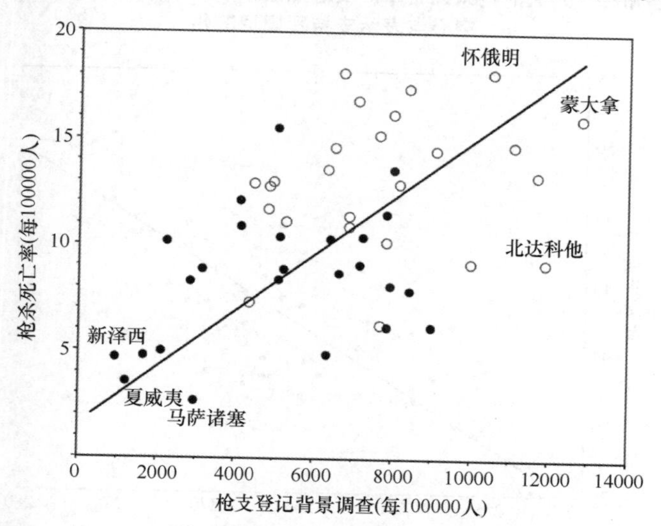

图 11.6　横轴为 2012 年 NCIS（海军罪案调查处）对各州每十万人中持枪人背景调查情况，纵轴为各州每十万人的枪杀死亡率。同样，实心点表示 2012 年支持奥巴马的州；空心点表示支持罗姆尼的州

观点4：受教育程度越高，收入就越高（见图11.8）。

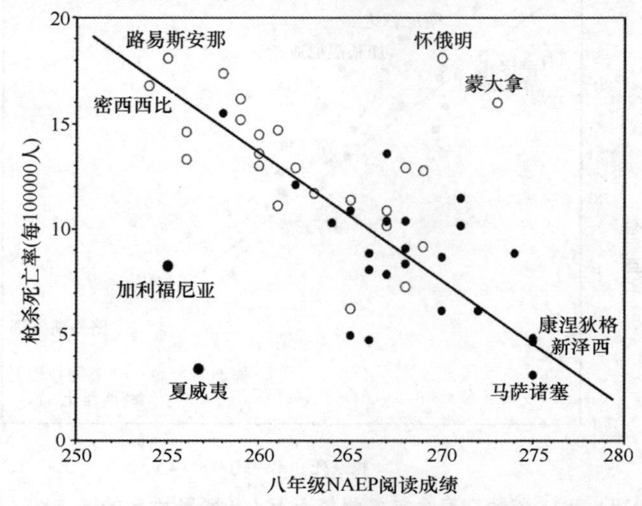

图11.7　横轴为2011年各州NAEP（全国教育进步评估）八年级阅读成绩，纵轴为各州每十万人的枪杀死亡率。实心点表示2012年支持奥巴马的州；空心点表示支持罗姆尼的州

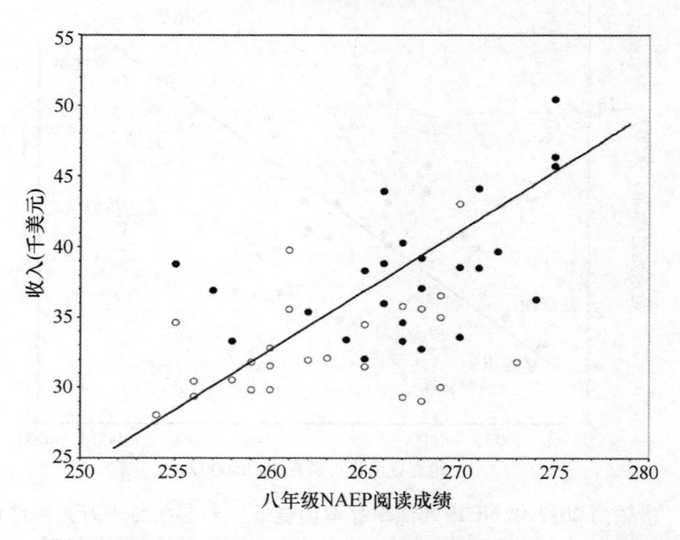

图11.8　横轴为2011年各州NAEP（全国教育进步评估）八年级阅读成绩，纵轴为2010年人均收入。实心点表示2012年大选中支持奥巴马的州；空心点表示支持罗姆尼的州

基于地理学的观点

至少在过去的 80 年里，各州的情况长期保持一致。1931 年，安戈夫（Angoff）和门肯（Mencken）尝试着探寻美国哪个州的情况最糟。基于大量的、多元的生活质量指数，他们得出的结论与我们从 21 世纪的数据中得出的结论非常相似。虽然人们的目标和愿望各不相同，但大多数人对以下看法达成了共识：总的来说，生存比死亡要好（图 11.9：预期寿命；图 11.10：枪击死亡率）；物质供应满足人们的需求比长期匮乏要好（图 11.11：收入）；受教育程度更高的人才能更好地参与决策，为自己和后代的未来谋取更多福利（图 11.12：NAEP 阅读成绩）。

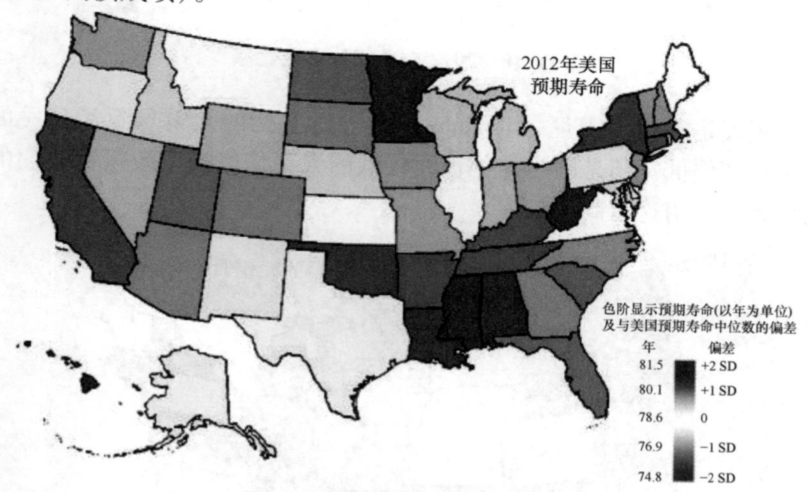

图 11.9　2012 年美国预期寿命

即使只对这些数据进行粗略研究，我们也会发现这些变量的地理分布惊人地相似。这一分布在图 11.13“持枪背景调查”中也同样出现，似乎表明了一种似乎可信的因果关系，值得我们认真思考。此处使用的红色和蓝色色度方案仅基于各州在所示变量上的数据，而非 2012 年总统选举的投票情况（见图 11.14）。然而，其颜色分布与投票地图上的分布非常相似。各州选民的投票习惯与他们在这些变量上所处位置之间的因果关系尚不明确。

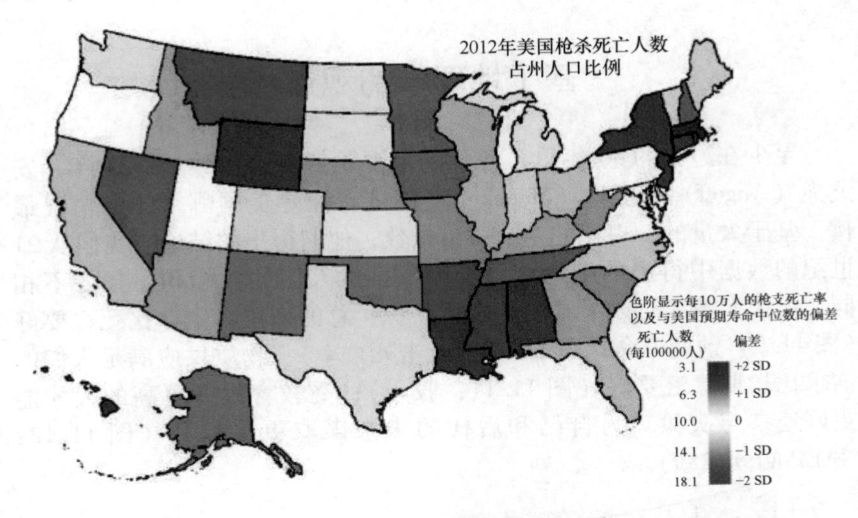

图 11.10　2012 年美国枪支死亡率

到底是因为罗姆尼（Romney）州长所支持的政策导致了公民的文化程度偏低？还是因为文化程度较低的人更偏好这些政策？我们的数据无法阐明这个问题。

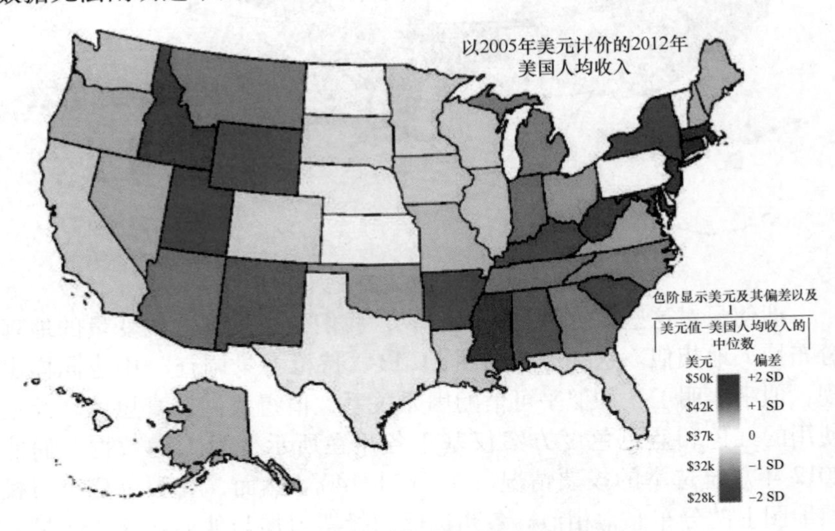

图 11.11　2012 年美国人均收入

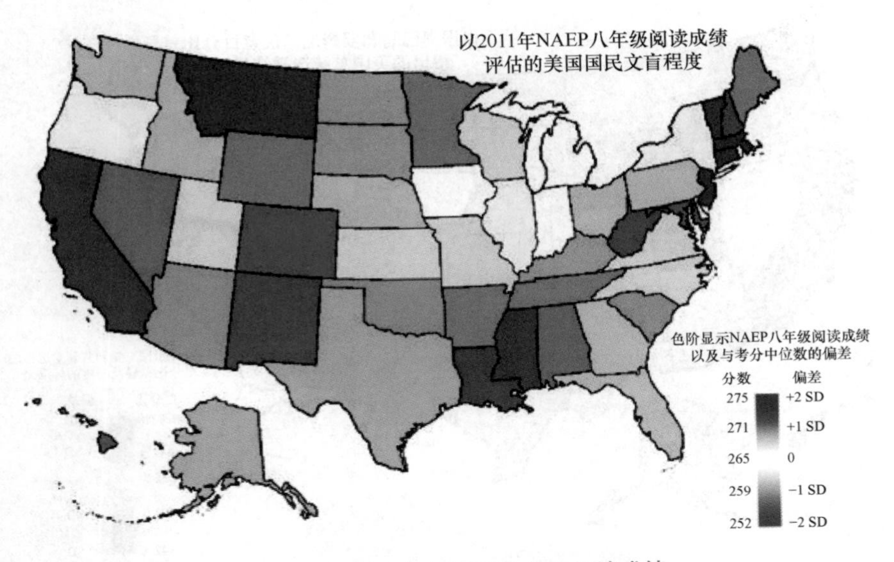

图 11.12　2011 年 NAEP 八年级阅读成绩

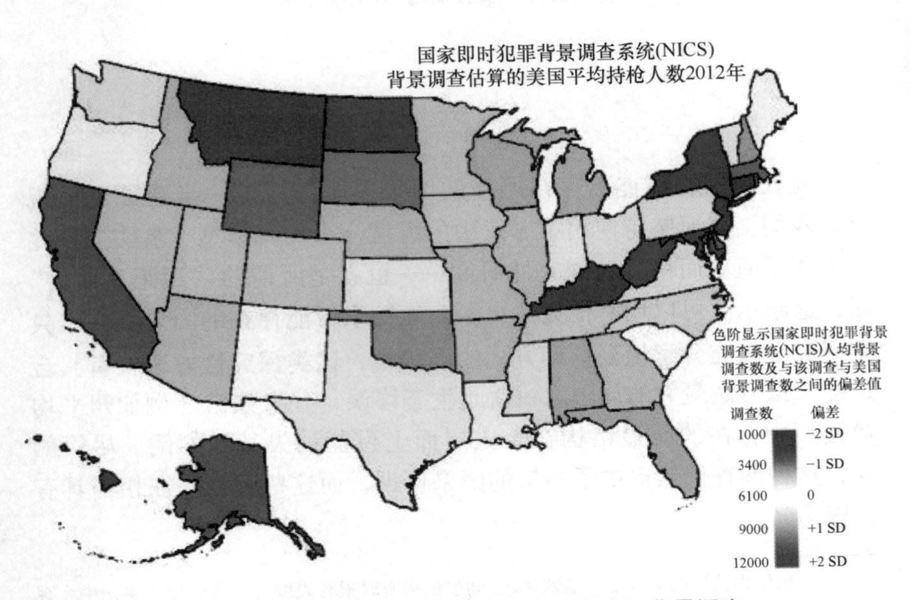

图 11.13　2012 年 NCIS（海军罪案调查处）背景调查

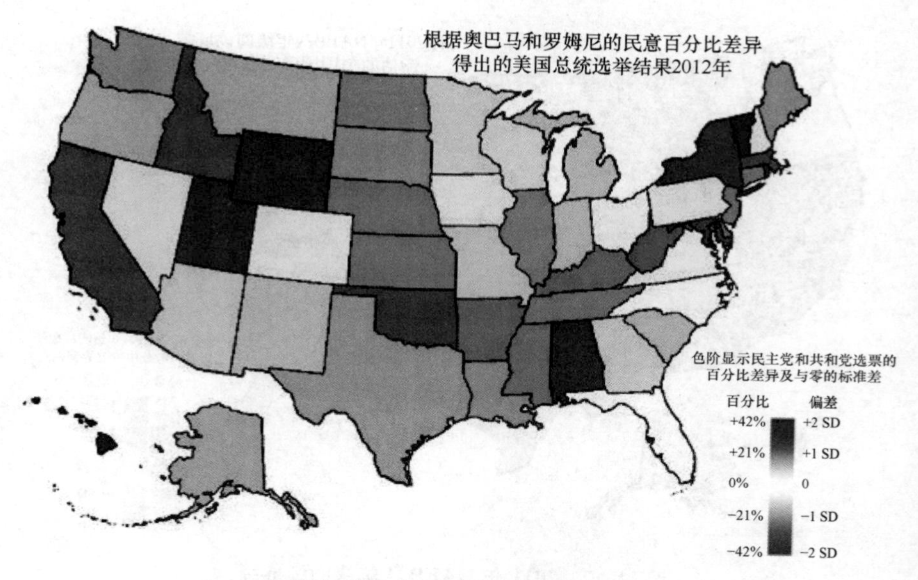

图 11.14　2012 年美国总统普选

结　论

此处进行的调查不存在严格的因果关系。为进一步验证以上观点，我们更需要坚持使用第 3 章中的方法——鲁宾模型。事实上，此处采用了简单而粗略的探究性研究——也就是所谓的“远距离侦察”法，这暗示了可以用其他方法更深入地探索可能存在的因果关系。只要研究者能充分意识到这种方式的局限性，该类探究性方法就有其合理性。该方法最大的局限之一就是生态谬误，分组数据（例如州平均数据）中存在的明显结构在个人层面上可能消失甚至颠倒。尽管如此，这种调查仍然提供了间接的因果证据，而这些证据往往相当具有说服力㊀。

㊀ 还记得梭罗的观察吧，他认为，“间接证据有时很有说服力，就像你在牛奶中发现一条鳟鱼一样。”如果细心观察，你会发现 21 世纪如牛奶般的政治话语语境中蕴含的结构，确实与鳟鱼有惊人的相似之处。

约瑟夫·弗莱彻贡献卓著，为揭示地区分布图的优缺点做好了铺垫。地区分布图的优点在于回答了“这里发生了什么?”和“在哪里发生的?”两个问题。当然，这些优点还不足以支撑两个变量之间的比较。例如，教育程度低的地方也遍布犯罪吗？散点图能更好地回答后一种类型的问题，但它不显示地理分布。这样的结果让我们必然可以得出一个结论：应同时使用这两种图形，才能充分阐明数据。

为了阐明如何使用这种策略，本章中我们研究了 21 世纪的美国数据，并用它们来说明如何同时使用阴影图和散点图作为证据支撑我们所选案例的讨论，从而得出更加确定的结论。

约瑟夫·弗莱彻从未引用托马斯·霍布斯的话㊀作为他选取策略的哲学基础，但我想在此引用。霍布斯把没有政府控制的人类自然状态描述为“人与人之间的战争”，这种环境会造成“孤独、贫穷、肮脏、野蛮和命短”的生活。我们已经见证，枪支管控越来越松懈的同时，人们寿命变短，财富减少，文盲率增加。至少证据是如此显示的。

㊀ 其实，霍布斯实际上说的是，“无论战争时代的结果是什么，在战争时代，每个人互相都是敌人，这也是那个时代发展的必然结果。在那个时代，人们除了自身的力量和发明所能提供的保障之外，没有其他的保障。在这种情况下，工业没有立足之地，因为它的成果不确——因此也就没有土地的耕作。没有航行、没有从海路进口的商品、没有宽敞的建筑、没有移动和移除重物的工具，人们对地球的面貌一无所知。不考虑时间，没有艺术、没有信件、没有社会，最糟糕的是，无穷的恐惧和死于暴力的危险。人类的生活面临着孤独、贫穷、肮脏、野蛮和命短。”

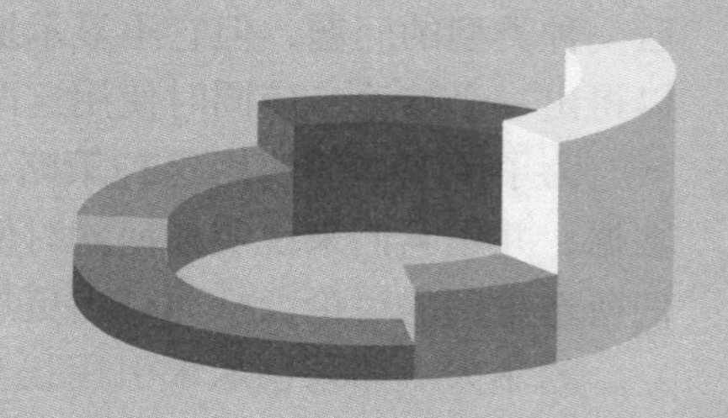

第 3 部分

数据科学工具在教育领域中的应用

引　言

1996 年到 2001 年，我当选为普林斯顿地区学校教育委员会委员。任期快结束时，为实行各种各样的学校扩建项目计划，需要征求选民同意发行 6100 万美元的债券。每个委员都被指派到好几个公共场所介绍该项目，极力说服参与者相信该项目具有价值，从而支持债券发行。债券的分期偿还拟定从每个家庭增收每年约为 500 美元的学校收费，为期 40 年。作为委员会代表，我不幸被派往为当地的一个老年组织。开会时，大家反复向我强调：家里没有正在上学的子女；学校建设已经足够令人满意了；因为依靠固定收入生活，任何收费的大幅增加都可能给他们的余生带来压力。全程我明智地保持沉默。突然，一位看上去好斗的耄耋老人大步走向麦克风，我不得不担心最坏的情况即将发生。但是，意外发生了，他紧盯着聚集的人群，大声宣称："你们都是白痴。"他接着解释，"每年 500 美元能让你的房子增值多少？但它却能大大改善学校的条件，也能大大提升你的房产价值。能立马让你们地产增值的费用，原本你们一辈子也负担不起，真是一群白痴。"扔下这句话他就下来了。台下的老年人们面面相觑，点头表示同意。接下来，债券发行顺利地以压倒性优势通过。

每年房产税的征收账单都会提醒每位房主公共教育代价昂贵。学校运行良好时，即使对那些没有子女的居民来说，钱也花得值得。因为随着时间流逝，房地产价值与当地学校的声誉成正比。当然，教育对于人们的重要性远远超出人们在教育上的花费。学校深刻地影响着每一个人的生活——影响着我们自身的经历、我们下一代的经历和我们认识的每一个人。因此，媒体报道总是经常提及教育问题。但让人吃惊的是，这些报道的主张往往超出了可以接受的范围，更多地依赖似实而不是实证就提出主张。很多政策的证据基础都非常薄弱，鉴于教育对我们至关重要，因此我们有充分的理由投入大量时间深入理解这些政策。这一部分我将讨论当代教育领域的六大问题，并尝试寻找证据，帮助我们思考这些问题。

大众媒体流行一种说法：公立学校正在没落并且每况愈下，根深蒂固的种族差异造成了下层阶级的固化。在第 12 章中，我们研究了国家教育进步评估（NAEP——通常也称“国家成绩单”）。过去20 年收集的数据，观察这些数据是否能支持该说法。结果显示全国各州学生成绩显著提高，少数族裔学生的成绩提升甚至超过了白人学生。

同样的叙事还有一部分指向了并不存在的教育质量下滑的各种原因。最常见的说法是将之归咎于教师。一部分教师被指责懒惰无能，但却受到强硬的工会和终身任职制的保护，是这些保护为年纪较大、收入较高的教师提供了闲职待遇。废除终身任职的呼声因而此起彼伏。一些州开始采取行动回应大众的呼吁，希望放宽高薪教师的解聘条件，并为年轻、精力充沛还有薪资较低的新晋教师提供机会，从而帮助扼制不断上升的成本。在第 13 章中，我们考察了教师终身任职制的起源，讽刺的是，终身任职制的最初目的之一就是要控制成本。我们的数据清楚地表明，解除终身任职可能会导致薪资成本飙升。

我们了解教育系统运行的效率大多是基于学生的考试成绩。为了让考试成绩成为有效的考核指标，必须确保考试成绩能真实地代表学生的各项能力，不会因学生作弊行为导致歪曲。在第 14 章中，我们分析了某一考试机构如何使用错误的统计方法检测作弊行为，并在证据不足的情况下造成了不必要的困扰。而且，尽管存在其他简单有效的替代方法，该考试组织机构却依然我行我素。

我们时常听闻一些评定不合格的学校，他们的学生有的甚至还未达到最低评定标准。在第 15 章中，我们了解到，由于孟菲斯（Memphis）一所特许学校的五年级学生在全州评估中得了零分，该学校的办学权受到了质疑。而这不可思议的成绩并非由于学生表现不佳，而是按照州政府的规定，任何未参加考试的学生都会自动判定零分。这个故事及其结局正是本章所要讲述的内容。

美国大学理事会既是一个科学组织，也是一个政治组织。当它宣布即将改革其标志性的大学入学考试（SAT）时，它所发表的声明和改革措施引起了媒体的广泛关注。因此，2014 年 3 月，我们认真地研究了 SAT 新版本的三个变化，并理智地决定尝试理解这些变化带来的影响并推断导致这些变化的原因。在第 16 章中，我们认真地做了这些工作，并发现了一种令人惊讶的关联，直接指向提供给耶鲁大学时任校长金曼·布鲁斯特的一些建议来帮助耶鲁大学更顺利地接纳女性学生。

2014 年，媒体上关于谴责美国过度使用测试的报道铺天盖地。谷歌上关于“美国学校测试过量”的搜索点击量超过一百万次。我们用在测试上所用的时间过多吗？在第 17 章中，我们考察了有关实际测试时长的证据，并试图研究多长时间才算足够。我们的结论令人吃惊，但远不如超长测试成本的估算带来的震撼力强。

第 12 章

等待阿基里斯

希腊数学家芝诺（Zeno）提出了一个著名的悖论，讲的是伟大的英雄阿基里斯和一只行动迟缓且不起眼的乌龟竞赛。由于他们速度相差太大，乌龟被允许先于阿基里斯一大段距离开始比赛。比赛开始后，不一会阿基里斯就到达了乌龟的起点。但是，在那段短暂的时间里，乌龟又稍微领先了一点。在比赛的第二阶段，阿基里斯很快跑完了这段短距离，但乌龟也并没有静止不动，而是向前移动了一点。于是，他们继续……，阿基里斯总会到达乌龟曾经到过的地方，但是乌龟总是一点一点朝前运动，始终在他的可触及范围之外。从这个例子中，伟大的亚里士多德，得出了结论："在赛跑中，最快的运动员永远无法超越最慢的运动员，因为追赶者必须首先到达被追赶者的起点位置。因此，速度慢的必会始终保持领先。"

这个故事带给我们一个启示：如果只关注种群差异，很容易忽略大局。当前，关于种族群体考试成绩差距巨大的公开讨论中，这一点体现得最为明显。新泽西州过去的20年间，基于美国国家教育进步评估（NAEP）的成熟量表，白人和黑人学生的平均分数差距仅缩小了约25%。由此得出的结论是，尽管这一变化趋势显示了正确的方向，但速度过慢。

然而，过分关注差异会让我们忽视过去20年教育领域取得的巨大成功。虽然许多学科领域和许多年龄组中的学生都取得了巨大进步，但是，本文仅选取了四年级学生的数学成绩进行阐释。图12.1中的点代表了1992年和2011年美国国家教育进步评估中四年级数学测试中所有参与州的平均分数（以国家为整体计算平均成绩，并标记新泽西州平均成绩为点线进行强调）。在这段时间里，两个族群都取得了巨大的进步（黑人的进步略大于白人）。当然，我们还可以看到黑人学生和白人学生之间再令人熟悉不过的差距，但阿基里斯悖论出现了。实际上，新泽西的黑人学生在2011年的成绩已经与1992年新泽西的白人学生的成绩不分伯仲。考虑到这两个群体的财富差距，而这一差距往往与学生学业表现紧密相关，我们应该对该成绩表示赞许而不是批评。

重要的是，与各州相比，我们发现新泽西州的学生是这两年中表现最佳的，也是两个种族学生中成绩最好的群体。

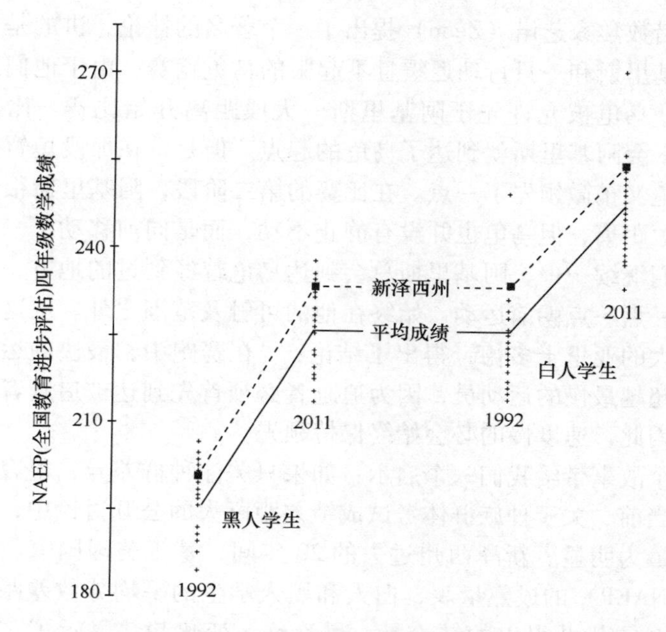

图 12.1　1992 年与 2011 年新泽西州四年级黑人学生与白人学生 NAEP 数学平均成绩

（来源：美国教育部、美国教育科学研究院、美国国家教育统计中心，1992、2000、2011 年 NAEP 数学评估数据）

如果我们将对美国教育的关注与这些数据显示的卓越成绩结合起来，我们就应该理智地认识和判断目前正在发生的状况，从而为改变现状做出更多努力。虽然我撰写本章的目的并非要详细研究该问题，但我想就此发表一些看法。30 多年前，法院审理了几起诉讼案件，这些诉讼质疑了将地方财产税作为公立学校主要资金来源的公平性。加利福尼亚州审理的是赛拉诺诉普里斯特案（Serrano v. Priest），新泽西州是艾伯特诉伯克案（Abbott v. Burke），其他地方也有类似的诉讼。法院最终裁定，为了维护法定的“教育机会平等”原则，所有学区的学生费用支出应该大致相等。考虑到各社区税收基础存在巨大差异，为了实现这一目标，各州必须介入并增加贫困地区的学校预算。大幅增加预算之后，学生成绩确实大有提高，这一事实应首当其冲，归入学生成绩提高的主要原因来进行考量。

这一结论，尽管涉及的范围更广，其类似观点早期已由著名经济学家约翰・肯尼思・加尔布雷思（John Kenneth Galbraith）提出，我在这里阐释一下：

金钱无疑能够带来优势，而且确实常常创造优势。尽管有人频繁尝试阐述金钱的负面影响，但这些反对金钱优势的观点始终未能广泛地赢得公众的认同。

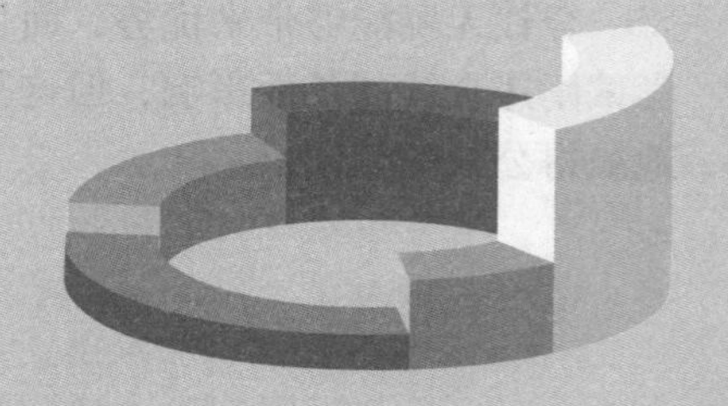

第 13 章

终身教职价值几何？

第13章　终身教职价值几何?

最近，影响美国联邦、州和地方政府的预算危机催生了一系列引人注目的提案[㊀]。此时，研究新泽西州州长克里斯蒂（Christie）为废除终身教职发起的运动，似乎是一个较为合适的时机[㊁]。尽管有许多方法可以归纳总结终身教职的价值，但我想在此集中讨论取消终身教职会对教育预算会带来什么潜在影响。

取消终身教职的财政目标是，在资金有限的时期，让学校管理者能更容易解雇成本更高的教师（即更高级别/终身教职教师），而保留经验相对较少或成本较低的教师。没有任期制的保护，学校管理人员要想解雇高级教师，就不必按照正当程序的要求去收集必要的证据。因此，有人认为，各学区将会有更灵活的空间控制其人事预算。这种方法真会奏效吗?

为了审视这一问题，让我们首先回顾一下为什么公立学校教师终身教职的政策会发生变化。建立终身教职制的权威解释主要是为了保护学术自由，允许教师可能存在争议的话题提供教学指导。这当然毋庸置疑，但幸运的是，类似于约翰·斯科普斯（John Scopes）为教授进化论而不得不与古板校董事会（田纳西州代顿的某学校）进行斗争的情况是非常罕见的。一般而言，大多数教师希望获得终身教职，是因为这一制度为他们的工作提供了更多保障，尤其是可以防止学校人事决策频繁变动。

更有趣的问题是，为什么各州最初都同意终身教职制?事实上，地方校董会在此事上没有直接发言权，这是州政府的授意。做出该决定的州政府官员肯定知道，这将会降低学校教职员工流动的灵活性，

㊀ 这项工作是在玛丽·安·阿瓦德（纽约州立大学）、大卫·赫尔夫曼（密西西比教育协会）、罗斯玛丽·可耐布（新泽西教育协会）和哈里斯·兹韦林（宾夕法尼亚教育协会）的帮助下完成的，他们分别提供了来自纽约州、马里兰州、新泽西州和宾夕法尼亚州的数据。我对他们表示由衷的感谢，没有他们的帮助我是无法完成这项研究的。

㊁ 克里斯蒂州长并不是唯一提出改变长期激进政策的人。最臭名昭著的是威斯康星州州长斯科特·沃克（Scott Walker），他曾试图取消州政府雇员的集体谈判制度。我认为，即使不是全部，但这其中的大多数举措，似乎都与财政危机无关，不过这体现了时任白宫办公厅主任拉姆·伊曼纽尔（Rahm Emanuel）所提倡的“不要浪费每一场严重的危机”的精髓。

而且会造成按程序解雇终身教师更加费时耗财。那为什么各州几乎一致同意终身教职制？我不太确定，但我有一个合理的猜测[㊀]。我确信大多数激进派官员都重视学术自由，但这还不是至关重要的实际原因。他们认识到，对教师而言终身职位是一种类似健康保险、养老金和病假的工作福利。因此，它有着现金价值，但这种福利与其他福利不同，它没有直接成本。当然，解雇终身教师会有额外的费用。如果招聘和晋升教师时采取合理谨慎的态度，这些费用几乎可以避免。因此，我得出结论，**终身教职制当初设立是为了节省成本，这与希望废除终身教职制所宣称的理由正好相反。**

孰对孰错？克里斯蒂州长还是我？令人高兴的是，一旦措辞谨慎起来，这个问题就需要进行实证调查。我的回答分为两个部分。第一部分是本章的标题：终身教职价值几何？第二部分是：重新分配薪资的成本，足以弥补解雇终身教职员工的成本吗？我没有关于后者的数据，所以我将着重论述前者。

如何确定终身教职的价值？一种方法是向老师们做调研，询问他们需要多少补偿金才能让他们放弃终身职位。对这样一项调查的回应肯定会很复杂。处于职业生涯不同阶段的教师会有不同的评价。即将退休的教师不一定特别在乎，而处于职业生涯中期的人可能会索要大笔赔偿金。在缺少合格教师的学科领域，比如数学领域，取消这类教师的终身教职，他们要求的赔偿可能不会太多。而其他人，例如小学教师，由于人数众多，持有终身职位确实显得非常宝贵。无论情况怎么样，有一件事可以肯定，对于此项调查的回复可能是数万美元。

评估终身教职价值的第二种方法是采取自由市场定价法，按照书中第5章所述的理念进行一项实验。假设我们进行以下实验：选择几个学区，比如5个或6个，并将它们指定为不设教师终身任期的实验区。然后，我们将它们与相同数量的学区配对，使所有能代表学区特点的常见变量（规模、种族融合、安全、预算、学习成绩、家庭教育等）都能达到匹配。在我们指定为对照区的学区，教师可以拥有终身

㊀ 正如我在第3部分引言中提到的，我当选普林斯顿教育委员会委员已有五年，其中两年担任董事会人事委员会主席。

任期。另外，我们还尽力让每个实验区在地理位置上靠近与之匹配的对照区。

现在我们开始实验。将来自各学区的教师资料都放入一个巨大的资源库中，各学区的人事主管按照指示从该资源库中抽取样本，以便为其所在区配备教师。这种情况一直持续到用尽该资源库的资源，所有学区都满员为止。现在我们来看一些因变量，最明显的是两组间平均工资的差异。

在确定了专业知识和教龄条件后，我们可能还想要了解在学科专长和工作经验方面的条件分布差异。我认为非终身职位的学区会为具有一定教育背景和经验水平的教师支付更多薪酬，在实际招聘时，他们可能不得不招聘这个范围内最低水准的教师。

虽然我确信实验区（非终身教职）地区将不得不为他们的教工支付更多的费用，但更重要的问题是需要支付多少。我认为，如果预算保持不变，非终身教职地区可能会在人员配备齐全之前就耗尽资金。

这样的实验是否会马上进行，我不太乐观，尽管我乐于施行它——也许教师工会也乐见其成。所以，自由市场的管理者又怎么会反对呢?

令人高兴的是，我们确实观测到一些数据可以解释这个问题。为初步了解哪些数据类型会有帮助，让我们先看看如图 13.1 所示的教师工资。该图显示了美国东北部四个州以及整个美国公立学校教师的平均年薪。这四个州的年平均工资涨幅[⊖]略低于 1500 美元（新泽西州是四个州中增长最快的，平均年增长为 1640 美元)。全美增幅约为 1230 美元。这近 30 年来大致呈线性增长趋势。

这些数据为后续讨论奠定了基础。新泽西州教师的平均年薪在图 13.2 中再次出现，图中还加上了学监的平均工资。我们可以看到，学监收入远高于普通教师。1980 年，他们之间的收入差距不大，但到 2009 年，这种差距被大幅度拉升。学监的年平均工资增长达到 4000 美元。图 13.2 说明了学监工资增长与教师工资增长的差异，但并没有显示出最初拉开差距的时间点。因此，我们还需要研究另一张图。

⊖ 实际上是表示每个州的拟合回归线的平均斜率。

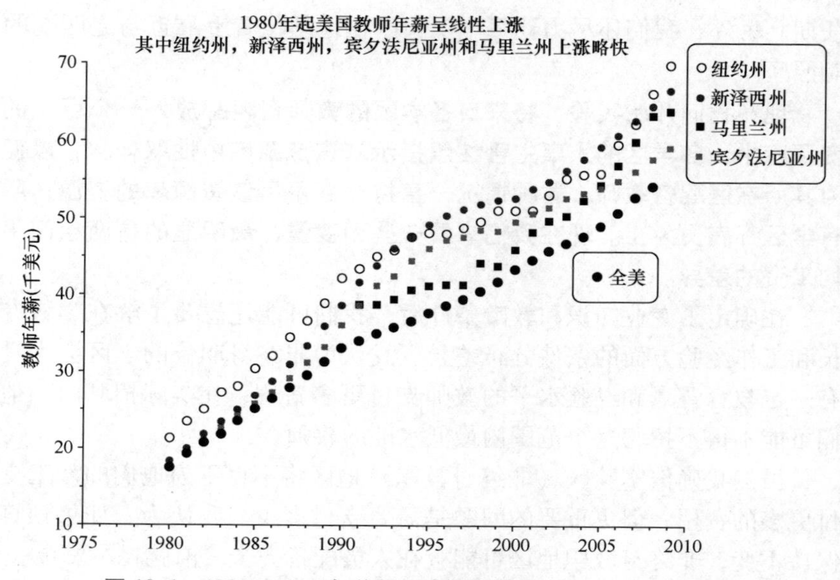

图 13.1　1980—2009 年美国四个州及全美教师平均资薪情况

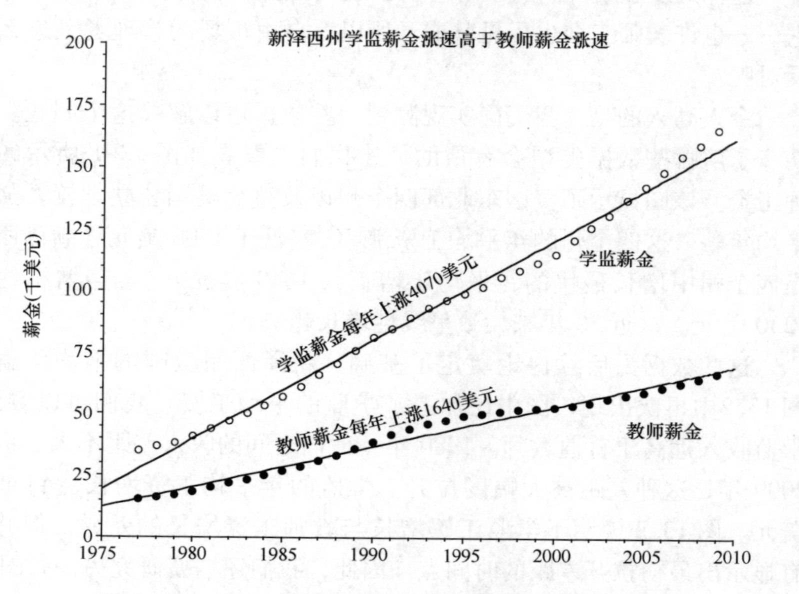

图 13.2　1975—2009 年新泽西州学监与教师薪金情况

在图 13.3 中，我绘制出了过去 33 年中学监的平均工资与教师的平均工资之比。我们很快发现，1977 年，新泽西州学监的收入是普通教师的 2.25 倍，而且这种差距还在缩小，因此，至 1990 年代初，学监的收入仅是普通教师的 2 倍。接着，差距开始急剧加大，到 2009 年，学监的工资已经是教师工资的 2.5 倍。究竟发生了什么，才导致这种戏剧性的变化？1991 年，新泽西州立法机关取消了学监的终身任期制。图 13.3 显示了从终身职位取消到学监工资相应增加之间有 3 ~ 4 年的滞后，这可能是由于这 3 ~4 年间，学监们之前签订的合同还未到期，而只有合同到期后，他们才能在新的非终身制的大环境中重新协商工资。但是很显然，这种状况一旦发生，学监们必定会索要失去终身任职的赔偿，不难想象这笔赔偿金会高达数万美元。

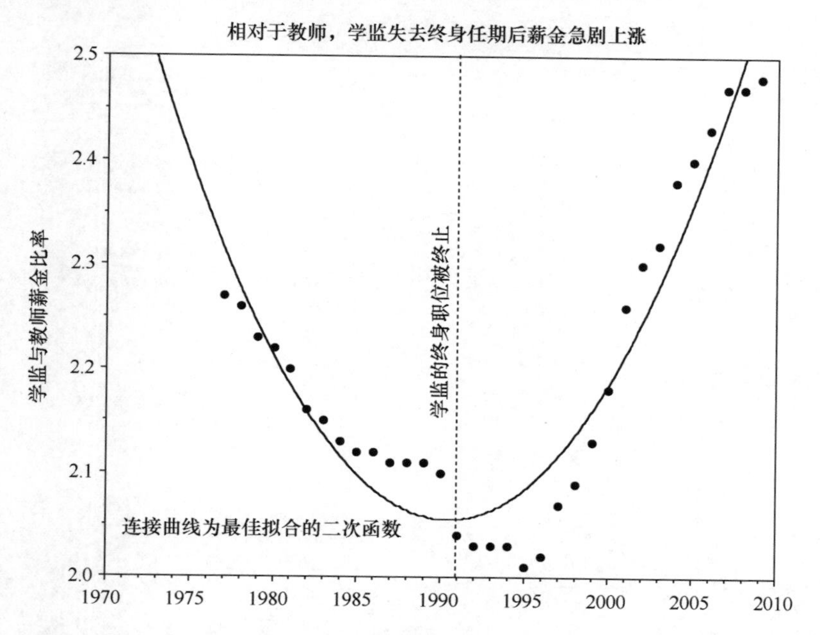

图 13.3　1991 年新泽西州学监在失去终身任期后，相对于教师而言，薪金飙升

现在，真正的讽刺出现了。新泽西州立法者已经明确知晓取消终

身教职的代价有多大了。早在2010年8月19日，州众议院教育委员会副主席、女议员琼·沃斯（Joan Voss）就在新闻发布会上宣称，“取消学监终身任期已经产生了一些意想不到的严重后果……，目前，纳税人被迫支付过高的薪水和过度膨胀的巨额补偿”。为了解决这个问题，她和州议员拉尔夫·卡普托（Ralph Caputo）提议立法（A－2359），重新实行1991年以前就存在的学监终身任职制度。

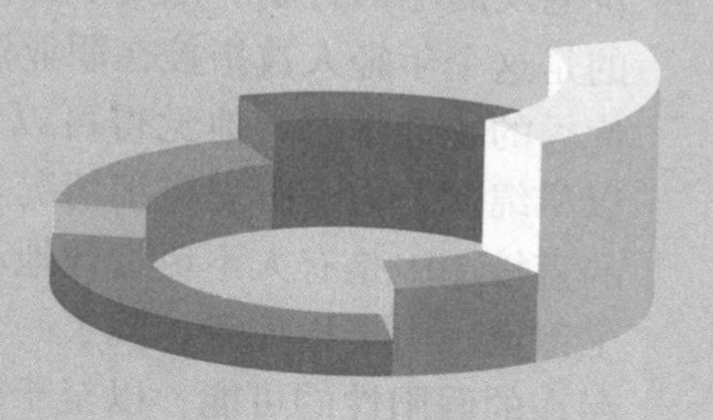

第14章

拙劣的作弊检查：看起来像，就一定是[㊀]

㊀ 原文为法语 *Si cela aurait pu être*, *il doit avoir été*. 意为“看起来像，就一定是。”（我本想将这句话以拉丁文译出，类似于众所周知的“*Post hoc*, *ergo propter hoc*,”但我的拉丁语不够好，所以我还是用了法语。）

引　　言

我每年都会在纽约州北部阿迪朗达克山修身养性，这一次却被一位老友的电话打断。他似乎被一位不幸的年轻人聘为统计顾问，遗憾的是这个年轻人被指控在职业资格证考试中作弊。我也的朋友是一位优秀的统计学家，他觉得可以从心理测量学的角度帮助这个年轻人，以尽绵薄之力。听完详细情况之后，我同意加入。造成这一尴尬局面的直接原因是有人不负责任地利用大数据进行探究型分析，草率造成了谬误。由于指控者访问了一个巨大的数据库，但却没有考虑到可能存在的假阳性的可能，以至于得出了一个不合理的结论。如第5章所讨论的那样，这一事件再次证明了这一点，凡事理应三思而后行。

引作弊者上钩

这位年轻人参加并通过了职业资格证考试。这已经是他第三次参加——前两次都是差一点就能及格，这次通过也只是刚刚与合格线擦边险过。为打击作弊行为，资格证颁发机构采取了一系列措施，其中包括一项例行分析，他们将考生错题数量相同的进行分组，比对同一组内所有考生错题的相似度。在11000名考生中，他们计算出了6000万对数据[㊀]。完成这项分析后，遂得出结论，46名考生（即23对）存在相似度高于随机比对的情况。而这23对考生中，只有一对于同一时间在同一房间参加考试，且他们的座位仅相隔一排。基于这一点，他们展开了更详细地调查，检查了他们的实际试卷。试卷空白处允许考生在确定正确答案之前打草稿进行演算。调查人员认为试卷中没有留下响应草稿内容，无法让他断定考生确实自行完成了该题，因此得出结论，考生抄袭舞弊，不授予他分数，随后取消了他的通过资格，且十年内不准申请参加该考试。被质疑的第二个人坐在他前面，

㊀ 他们删除了约800名考生，因为他们的回答表明，他们大部分题目是猜的，只是反复选择了相同的选项，但此类细节对论述的作用并不大。

因而判定她不可能抄袭，因而也不会面临纪律处分，但被处罚的考生不服，随即提起了诉讼。

行业标准

市场上有很多考试公司。它们大多是根据特殊目的专门组织某一特定考试的机构。通常情况下，他们的资源非常有限，无法进行严谨和严格的研究来证明其作弊调查导致的严重后果的合理性。不过美国教育考试服务中心（ETS）年收入超过10亿美元，实力雄厚。该组织仔细研究了检测作弊的方法，并在与三大主要测试专业机构的合作中，率先制定了详细的规范程序[一]。大多数小型的测试机构只是沿用美国教育考试服务中心和其他大型测试机构制定的方法。若要偏离既定的做法，则需要充分（且强有力的）理由。这种情况[二]下制定的重要标准如下：

1. 为杜绝作弊收集统计证据几乎从来不是调查的主要动机。通常会有一些触发事件，例如，某位监考员报告看到了一些奇怪的行为；有报告称听闻考生炫耀其作弊行为；其他考生举报串通作弊行为；或者考试分数较上次有很大幅度提高。只有在收到这些报告并将其记录在案时，才能为统计分析这些案例做好准备。这些记录仅作为确认的依据。需要注意的是，这种分析不是作为一种探索性程序进行的。

2. 考察的对象是分数，而不是考生。如果所有证据都支持考试中可能发生作弊的假设，那么考生会收到一封信，说明考试公司不能证明其考试分数的有效性，因此，不会向任何需要这一考试成绩的人汇报该成绩。

3. 调查结果纯属推测性质。一般情况下，考生共有五个选择，这五个选项直接摘选自美国教育考试服务中心（1993）：

㊀ 美国教育研究协会、美国心理协会和全国教育测试委员会联合发布了《教育和心理测试标准》。最近的版本出现在 1999 年。编写每一版标准的委员会主要由学者组成，这些学者都曾在一个（或多个）主流测试机构工作过一段时间。

㊁ 对于作弊调查的操作细节及其伦理和法律动机，最好的公开来源是 1993 年为 ETS 董事会编写的报告。前面的综合报告就是在此基础上完成的。

（1）考生可以提供被质疑情况的解释信息（例如，针对分数异常大幅提高，考生可带上医生证明，证明上一次考试时患有严重疾病）。如该解释被采纳，考试中心将立即报告其所获得的分数。

（2）考生可以选择在方便的时间私下免费进行重考，以帮助确认考试分数。如果复试分数在问题分数的指定范围内，则确认原始分数。如果未能达到，考生还可以考虑其他选项。

（3）考生可选择由美国仲裁协会独立仲裁。由考试机构支付仲裁费用，并同意接受仲裁员裁决的约束。

（4）考生可选择将成绩连同考试机构的质疑理由和自身的解释一并上报。

（5）考生可要求取消成绩，此时考试费用退还，考生仍可选择未来任何时间参与考试。

到目前为止，考生们普遍倾向选择第二个选项。

为什么这些标准如此重要？

显然，今年夏天的调查违反了所有上述的三项标准。因此，我得出结论，考试机构应改变其检测方法，并修正当前案例的结果。为了支持我的观点，至少我可以提供部分解释，说明为什么时间、努力和由经验产生的智慧让正规的考试机构严格遵循这些标准。例如，我将用通过乳房 X 光检测——一种用来早期筛查女性乳腺癌的方法，来说明假阳性问题如何阻碍人们识别罕见事件。

假阳性和乳房 X 光检测

在美国，每年约有 180000 位女性被确诊为浸润性乳腺癌。预计，其中约四万名患者将死于此病症。乳腺癌是仅次于皮肤癌最常见的癌症，其死亡率仅次于肺癌。美国女性所患癌症大约四分之一为乳腺癌，即每八位美国女性中就有一位可能在其一生中的某个时刻被诊断为乳腺癌。

不过，在与可怕的乳腺癌做斗争的过程中，我们取得了一些进展。通过早期发现和改善治疗方案，过去 20 年乳腺癌的死亡率一直在下降。早期发现的第一步是自我检查和乳房 X 光检查。接下来将采用更具有侵入性和深度辨析的方法，主要对之前相对温和的、非侵入性检查发现的任何异常肿块进行活组织检查。

乳房 X 光效果如何？衡量其有效性的手段之一是采用简单的统计学原理。如果乳房 X 光检查呈阳性，那么癌症的可能性有多大？我们可以用一个包含两部分的分数来估算这个概率。分子是已发现乳腺癌的数量，分母是乳房 X 光检查呈阳性的数量。分母包含真阳性和假阳性两种情况。

首先，分子 = 180000 例。

分母 = 真阳性案例 180000 + 假阳性案例。假阳性部分是多少呢？美国每年都要进行 3700 万次乳房 X 光检查，其准确率受具体情况影响，从 80% 到 90% 不等[㊀]。针对本次讨论，我们假设其准确率为最高值 90%。这意味着，若病患患有癌症，在乳房 X 光检查中，就有 90% 的概率被发现；若没有患上癌症，则有 90% 的概率检测出阴性。但是，这也意味着，未患癌症时，乳房 X 光检查有 10% 的可能性会显示阳性。因此，3700 万次乳房 X 光检查中，有 10% 的结果是假阳性，即 370 万。所以，该分数的分母 = 180000 + 3700000 即大约 390 万次乳房 X 光检查呈阳性。

因此，乳腺 X 光检查出呈阳性患乳腺癌的概率为 18 万/390 万，即约为 5%。这意味着，万一收到可怕的消息称检查中发现可疑物质，则需要进一步做活检的女性中，有 95% 并没有真正患上乳腺癌。

如此精确度的测试值得做吗？问题的答案取决于多个因素，主要

㊀ 大量关于乳腺癌的研究文献中，有很多都针对此问题，但研究结果各不相同。最近的一项研究（Berg 等，2008）显示，乳房 X 光的准确率为 78%，当结合超声波检测手段时，其准确率会提升到 91%。因此，我采纳 90% 作为单独的乳房 X 光检测准确率并没有损害其声誉。重要的是，这个 90% 的数据显示的是如果患癌能发现它的概率。但这并不是我们想要的。相反我们感兴趣的是，如果检查结果显示有癌症，那么真正患癌的可能性是多少。要做到这一点，需要正式地运用一些贝叶斯定理的内容，我在随后的推导中，简单运用了该定理。

考虑因素是做乳房 X 光的成本和不做乳房 X 光的成本[㊀]。

乳房 X 光检查遵循行业检测标准。显然，如果分母更大，5% 的准确率还会下降。因此，只有在我们认为不需要全美人口每年都进行乳房 X 光检查的条件下，才会遵循前述第一个标准。其实，还可以基于一些其他特征进行预筛选。按目前的标准建议，只有有乳腺癌家族史或 50 岁以上的妇女才需要进行乳房 X 光检查，而现在正在考虑的这些标准的修订，将会限定更加严格的检查条件。

乳房 X 光检查同样可以遵循第三个标准（此种情境下，标准二最为常用），任何被标记为疑似乳腺癌的受测者都会进行更仔细的重新检查（通常是再做一次乳房 X 光检查，然后再采用针刺抽吸活检）。

假设乳房 X 光检查政策遵循了当前调查中不幸受害者所遭受的方法。首先，假设我们不是对含有 370 万次假阳性数据的 3700 万人进行乳房 X 光检查，而是对 3 亿人进行检测，那么我们会得到 3000 万次假阳性数据。这就意味着 99.5% 的乳房 X 光检查阳性结果都是错误的，这使得这项检查作为诊断工具几乎毫无价值。

假设在乳房 X 光检查呈阳性后，我们没有继续检查，而是直接进行了治疗，采取了包括但不限于乳腺切除术、放疗和化疗的干预。显然，这将会是一种愚蠢透顶的做法。

然而，禁止某人从事其受训多年的行业又会有多明智呢？不言而喻，这也是十分不明智的，重新检查一次既便宜且又简单。

作弊检测程序精确度有多高？

关于上面这个问题，“我也不清楚。”为了得出这个答案，我们需要知道（1）有多少名作弊者——类似于有多少名癌症患者或肿瘤患

㊀ 不做乳房 X 光检查的成本以本不应死亡的女性人数就可以进行衡量。过去，乳腺癌患者的存活取决于早期发现，也证明了广泛使用乳房 X 光是合理的。但是，2010 年挪威的一项大型研究表明，接受过乳房 X 光检查的女性和没有接受过乳房 X 光检查的女性，存活率基本没有差别（Kalager 等，2010）。这就引出这样一种观点，即在无症状的女性中，乳房 X 光检查的作用极为有限。

者；以及（2）作弊检测方法的精确性。然而这两点都无从得知。我们可以将它们看作缺失的数据，并通过多重插补，得出一系列合理的值。我会为这些未知的答案赋予一个单一的、恰当的数值，并邀请读者给这些未知数赋予其他可能的数值，这样可以提高实验的有效性。

就好比我们可以假设在 11000 名考生中有 100 人作弊。如果这个数字在你看来不合理，那么你可以用另一个你认为更可信的值代替。并且，让我们假设这个检测方案和成熟的乳房 X 光检查技术一样，准确率达到了 90%（因为检测的可靠性约为 0.80，这已经是一个非常乐观的假设了）。我们可以进一步假设这些辨识错误是对称的——也就是它在识别作弊者和识别诚实考生方面的准确度是相同的。但这显然不现实，比如那些只抄袭少部分答案，或通过巧妙选择合作伙伴，仅抄袭正确答案的情形，几乎无法被该检测方法识别。尽管如此，我们还是需要从假设某种情形开始，让我们看看这些假设能带给我们什么信息吧。

鉴于该检测方法把我们单独列出来作为一个整体，我们要估计成为作弊者的可能性。这个概率的分子是 90，而 100 个“诚实的作弊者”的正确识别率为 90%。

分数的分母等于被查出的真正作弊者数目 90 个，加上 1100 个假阳性（11000 名诚实考生的 10%）。我们可以得出作弊的概率是 90/1190 = 7.6%。

或者说，根据这些假设数值，超过 92% 的作弊者都被冤枉了！如果你认为这些假设是错误的，那你可以试试改变假设条件，看看结果如何。但有一条假设必须遵守，那就是没有任何检测方案能做到 100% 准确。正如达蒙·鲁尼恩（Damon Runyon）指出，“生活中没有什么是百分百确定，或是完全不可能的。”

在目前的情况下，受到质疑的对象只有 46 个人。我们如何将这个结果对应到乳房 X 光检查例子的模型中？一方面可以将这 46 人视作从我们本例的 1190 人中随机抽取的，从而支持了被认定的作弊者中只有 7.6% 能被正确地识别。

但可能还有另一种不同的解释，考试机构认识到，他们的检测方法几乎无法发现只抄袭了邻座几个答案的作弊者。这一现实可能表明，漏查这样的作弊者对结果的影响很小。因为他们所能检测到的是那些不仅抄袭数量较多，而且还不幸抄袭了大量错误答案的考生。考虑到这个可能性，他们为作弊设定了一条分界线，这样 11000 人中只有 46 人可能被抓获。之后，他们不得不得出结论：23 组考生中有 22 组是误报，因为他们在时空上不可能抄袭。因此，尽管有无可争议的证据表明，23 组中至少有 22 组为“假阳性”结果，但他们得出的结论是，如果可能为“作弊”，那么肯定就是真的作弊。但其实，很有可能 23 对都是“假阳性”结果，而其中一组碰巧出现在同一个测试中心。由于只有一部分测试的有效性受到了质疑，而考生又通过了其他部分的测试，所以这些事实更加支持了我们的上述结论。

浏览试卷以找寻确证证据其实是在转移注意力。因为，尽管我们知道一位考生的计算过程被质疑不足以支撑其答案，但我们不知道其他考生的试卷是什么样子——这些试卷都已被销毁。

从这些分析中似乎可以清楚地看出，对于已经采取的严厉制裁，证据显然并不充分。诚然，所有考试机构都有义务严格规范考生的考试行为。因为如果大家都通过非法途径获得认证考试分数，那么这个分数也就失去了存在的价值。然而，任何检测方案都是不完美的，由此产生的代价通常被遭受指控的无辜者承担了。在过去，我们早就谨慎地指出，对于绝大多数做了不必要乳房 X 光检查的妇女而言，其早期发现患病的价值往往被检查所耗的精力和财力所抵消，因为能早期发现癌症而延长生命的妇女只占一小部分。但是，基于改进治疗的新规则将致力于减少假阳性，同时不增加已患癌妇女面临的风险。

此外，自从 DNA 证据被广泛使用以来的 20 年间，有 200 多名无辜嫌疑人被解除了长期的牢狱之灾，这更加巩固了反对死刑人士的论据。这一结果颇具戏剧性地表明，**在检测方法并不完善且存在其他替换方案的条件下，采取严厉措施显然是不合适的。**

结　语

经过了一系列繁杂而又价格高昂的法律程序，考试机构勉强同意让该考生在严密的安保条件下重新测试。而这名考生也最终通过了考试。

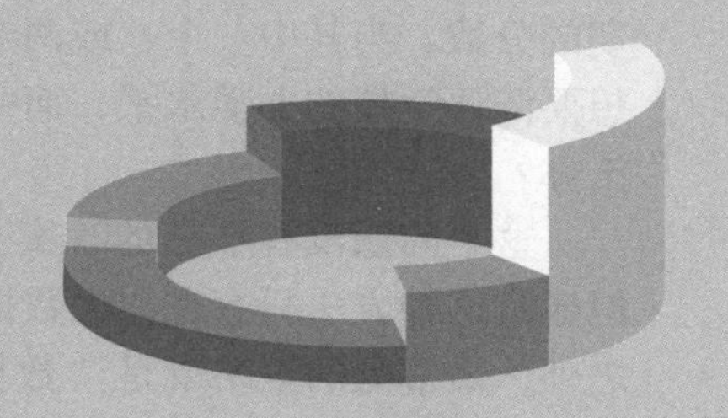

第 15 章

没有不等于零：缺失数据、满意的年度进步指标和孟菲斯特许学校的真实故事

在所有学校的评估中，最棘手的问题之一是数据缺失。数据缺失表现在很多方面，当我们从各方面表现评估学校、老师或学生时，最常见的缺失数据是考试分数。

如果我们想衡量他们是否有进步，既需要前期的评分，也需要后期的分数。当其中一个，或两者都缺失时，我们该怎么办？如果我们想要测评学校的办学水平，而一些学生的考试分数缺失，我们又该怎么办？

这个问题没有唯一的答案。有时我们可以忽略缺失数据的特征，但通常这种方法只有在缺失数据占比很小的情况下才合情合理。除此之外，最常见的策略就是“数据插补”（第 3 章和第 4 章对此进行了讨论，第 7 章对数据插补的误用进行了说明）。我们如何选择这些数据取决于当时的情形和可用的辅助信息。

让我们来考察一下承诺学院的具体情况。这是一所位于田纳西州孟菲斯市的一所招收低收入家庭学生的市区特许学校，在 2010—2011 学年，该校招收了从幼儿园到四年级的学生。评估学校业绩有很多标准，但与本案例相关的是承诺学院学生在阅读/语言艺术（RLA）考试中的表现。该分数被纳入“阅读/语言艺术年度进步合格指标（AYP，简称年度进步指标）”的考察范围。它由两部分组成：三年级和四年级学生在阅读/语言艺术（RLA）考试中的分数以及五年级学生在单独写作评估中的表现。

我们研究了阅读/语言艺术考试分数，但由于承诺学院没有五年级的学生，因此，缺失所有的写作分数。为了计算出合理的总分，我们应如何估算该分数呢？田纳西州规定，缺失的分数用零占位。在某些情况下，分数归零是合理的。例如，如果一所学校只对一半的学生进行测试，那么我们有理由怀疑，它试图剔除低分成绩，只保留高分成绩，操纵系统评估结果。该策略用零分表示每项缺失分数，应对了上述问题。但这并不适用于承诺学院，因为该学院根本没有五年级的学生，无法提交五年级学生分数，属于评估结构性缺陷。如果按规定要求用零分表示缺失分数，这意味着承诺学院的办学许可将被撤销。

为了更合理地计算所需的进步指标，我们应如何表示缺失分数？图 15. 1 显示了田纳西州所有三年级和四年级学生在阅读/语言艺术考试中的表现。我们发现该校学生表现相当出色。

进步合格指标的计算结果其实仅根据三四年级学生在州阅读/语言艺术考试中的表现就可以预测。预测结果不一定准确，因为进步合格指标还包括五年级学生的写作测试成绩，但事实证明其预测非常合理。散点图 15.2 显示了所有学校在阅读/语言艺术考试中进步合格指标的实际得分和预测得分的二元分布，横轴表示实际得分，纵轴表示预测得分。图上绘制的回归线可以根据三四年级考试分数的最佳线性组合来预测阅读/语言艺术考试中，进步合格指标的得分。图中可以看到承诺学院的情况。散点图表明，年度进步合格指标的预测分数和实际分数高度一致。两者之间的相关性是 0.96，预测方程为

$$AYP = 0.12 + 0.48 \times \text{三年级 RLA} + 0.44 \times \text{四年级 RLA}$$

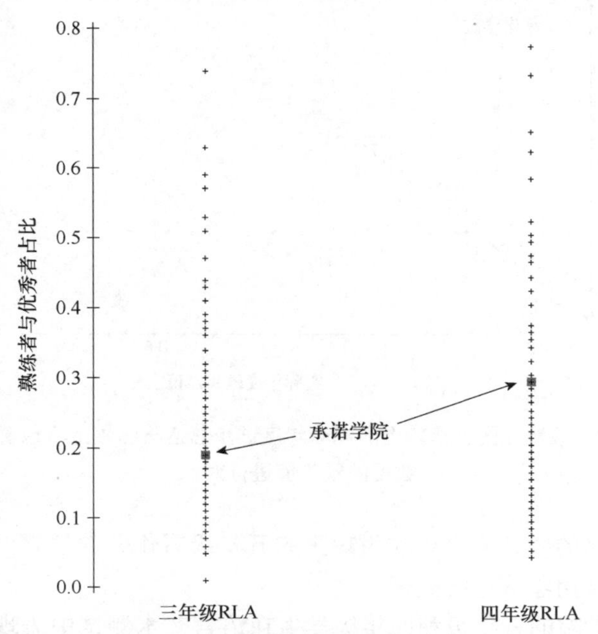

图 15.1　田纳西州所有学校三、四年级阅读/语言艺术（RLA）考试成绩分布，重点关注承诺学院

承诺学院年度进步指标的预测分数远远高于其实际分数（预测 0.33，实际 0.23），因为它根本没有五年级学生，缺少写作分数。正

是对写作分数的归零处理导致了实际值与预测值之间的差异。拟合直线显示的是假设承诺学院在有五年级学生测试结果时，所能达到的最佳成绩。因此，我们估计该学院在所有学校的年度进步指标排名中位列第37位，而不是将缺失成绩归零而得出的第88位。图15.3更清楚地显示了承诺学院排名的显著变化，图形方式呈现了两种年度进步指标分数。

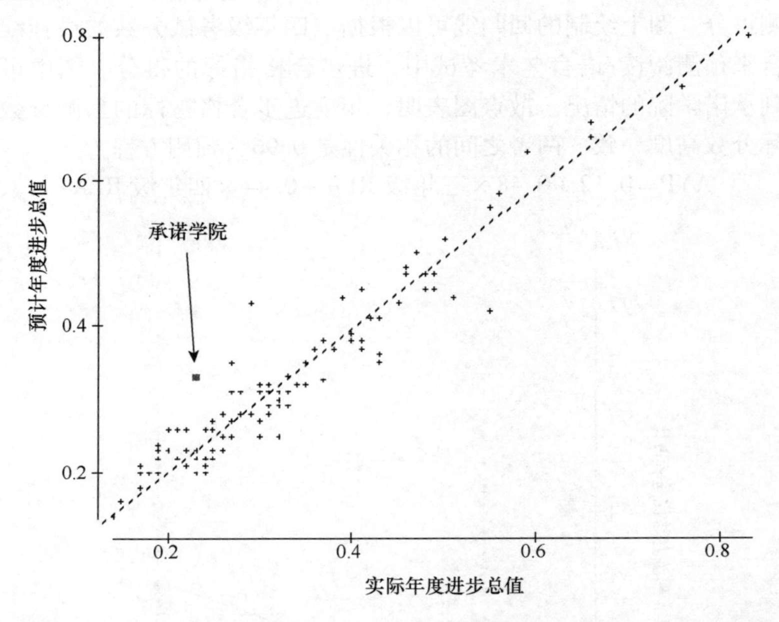

图15.2　该散点图将横轴上的实际年度进步总值与纵轴上不包含五年级数据的预测值进行对比

标准化的统计应当寻求为缺失的五年级写作分数估算赋值，而不是敷衍地采用零分进行处理。

承诺学院的三年级和四年级学生在语言艺术测试中表现出色，足以与他们在数学方面的表现相媲美。在图15.4中，我们可以直接比较承诺学院学生与其他110所学校学生的数学成绩，进一步完善承诺学院在州阅读/语言艺术考试中，年度进步指标的估算结果。

到目前为止，所有分析仅侧重于研究承诺学院学生的实际成绩，

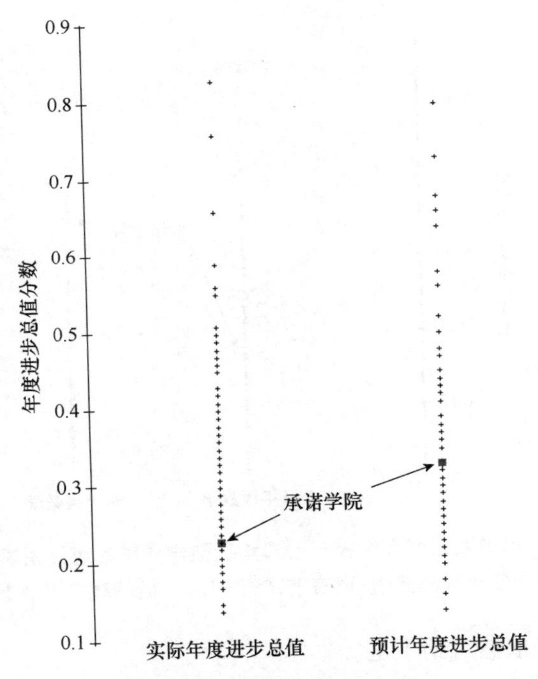

图 15.3　基于三个年级数据的实际年度进步总值分数与仅基于三、四年级数据的预测值进行对比。该校此两值之间的差异显示了对五年级缺失成绩归零带来的结果

却完全忽略了 10 多年来评估田纳西州学校绩效的重要标准——增值。长期以来人们一直认为针对所有学校设定统一考核标准是不公平的，因为不同学校的学生水平各异。因此，评估人员不仅评估学生已达到的学习水平，还有他们取得的进步程度。为此，威廉·桑德斯（William Sanders）和他的同事们率先提出了一个复杂的统计模型，它可以适配以往和未来的数据来预估特定学校学生的成绩增值。这项工作为迄今为止关于承诺学院教学水平的各种争论提供了参考信息。斯坦福大学教育成果研究中心和田纳西州增值评估系统分别都进行了一系列独立评估，结果显示，在增值方面，承诺学院的教学成果颇丰，跻身于州学校排名前列。虽然关于增值模型效用的诸多问题仍未解决，但

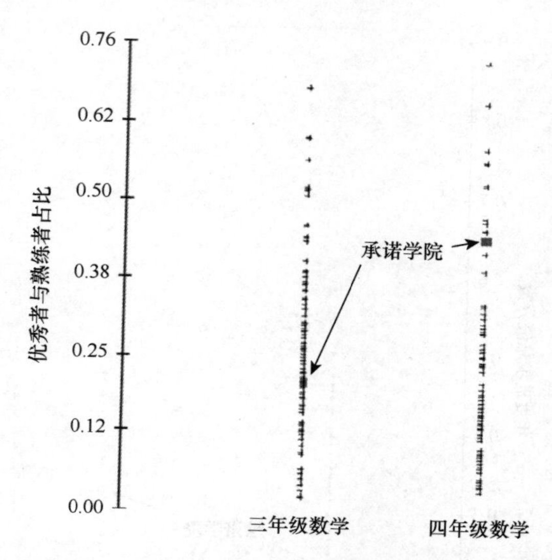

图 15.4　田纳西州所有学校三、四年级数学成绩的统计图表明承诺学院三、四年级的阅读/语言艺术（RLA）成绩现象并不是特例

是其发展态势依然后劲十足。

任何数据丢失，都会使统计结果估值产生巨大的不确定性。发生这种情况时，我们应根据统计实践标准，使用所有可用的辅助数据来估算没有测量的数据。现在，缺失的是五年级学生的成绩，但是该校的最高年级只有四年级。根据承诺学院的三四年级阅读、语言艺术成绩、数学成绩以及增值参数，我们可以清楚地看出，用零分表示缺失的五年级写作成绩而得出的年度进步指标分数严重且错误地低估了该校的教学水平。

2011 年 10 月，该校向孟菲斯市学校行政部门提交了此案。基于掌握的信息，主管部门认可了承诺学院所做的出色工作，更新了该校章程。届时承诺学院就可以招收五年级学生，不再需要对结构性缺失的数据进行估算了。

但是，从本案例中吸取的经验教训十分重要，我们应该牢记："没有"不代表为零。

第16章 SAT考试改革之思：大学理事会在除掉斗牛犬吗？

2014 年 3 月的第一周，大多数美国报纸的头版都报道了这样一则消息，那就是美国大学理事会计划对学术能力评估测试进行重大改革[㊀]。《纽约时报周日刊》3 月 9 日的封面故事更是将该改革计划推上了风口浪尖（巴尔弗 2014）。

美国教育考试服务中心是美国大学理事会在学术能力评估测试制定、管理和评分方面的主要承包商，作为在该中心工作了 21 年的雇员，我怀着极大的兴趣阅读了这些报告。最后，我不禁纳闷，他们为什么会提出这些改革，而且为什么还要大肆宣扬这些改革。

我在此详细说明一下改革计划中所列出的三个主要变化：

1. 猜错答案将不再倒扣分。
2. 在测试中减少晦涩词汇的使用。
3. 不再把“写作”部分纳入考试，只考查传统的文法和数学部分，将写作作为独立的选做部分。

根据我的估计，第一个变化可能只会产生很小的影响，但它可能会增大测试的误差方差，使分数变得不那么准确。第二个变化针对的问题似乎并非什么大问题，但是将与被测特征无关的题目特征包括在内，保持警惕总是明智的。说实话，我对任何正在成功实施的变化都不抱乐观态度。第三个变化可能是想为 2005 年引入了写作却没有产生预期效果的局面挽回颜面，因此，我们有理由相信这一改变可能会产生积极的影响。

要理解我得出这些结论的过程，让我们更详细地讨论每一项改变。

猜错答案不扣分

目前的 SAT 考试采用的是所谓的“公式计分”，即考生分数等于正确答题数减去错误答题数的四分之一（针对 SAT 考试常用的五项选择题）。其原理是，如果考生在他们不知道答案的题目上随机猜测，

㊀ 我感谢长期从事 ETS 研究的科学家布伦特·布里奇曼（Brent Bridgeman），为我的研究提供了大量的 SAT 详细信息，尽管他并不知晓我如何使用这些信息。

那么平均每错四题[⊖]，就会偶然答对一题。所以，在这样的评分制度下，猜测答案的预期收益为零。因此，猜测答案既不会带来任何好处，也不会增加分数的偏差，尽管猜测带来的二项式方差被多余地加到分数中了。值得注意的是，如果考生具备部分相关知识，并且能够消除一个或多个干扰因素（错误答案），那么猜测所得分数，即使经过修正，也是正值，因此，掌握部分知识也会得到肯定。而提议的改革将取消这种修正，只使用未经调整的数字作为计分算法的计入项。

这可能产生什么影响？在我印象中，公式计分和正确分数的相关系数非常接近于 1。因此，即使有什么变化，也可能是微不足道的。但是，也许并非如此，因为公式计分似乎至少还能减少一些随意的猜测。这样的猜测不能给得分提供任何帮助，只会添乱，那现在为什么要鼓励此类猜测，我们很难给出前后连贯的解释。但决定也可能是这样产生的：**如果改变带来的影响很小，那为什么不这样做呢？这种改变也许会让美国大学理事会在没有做出任何真正改变的情况下看似对批评做出了回应。**

减少使用晦涩词汇

这一变化一直是最具热度的主题（参见墨菲 2013 年 12 月在《大西洋月刊》上的文章），但即使这样，所谓晦涩的明确含义仍然让我们扑朔迷离。我们不妨先了解一下字典中的定义：

晦涩的（形容词）——很少人知道或理解、神秘的、秘密的、不清楚的、深奥的：

例句：她知道很多梵文语法和其他晦涩艰深的内容。

按这种释义定义的词语晦涩，让人想起用在非常狭义语境中的词汇，比如 chukka 或 cwm。第一个词的意思是马球比赛中构成一局的七分半钟，据说该词上一次出现在 SAT 考试中是在 60 多年前；第二个词源自威尔士语中的山谷，主要是拼字游戏中作为结尾使用。

但这似乎并不符合 SAT 考试批判者的想法。他们用来解释这一

⊖ 或者对 k 个选项的题，取 $(k-1)$。

“缺陷”的词至少有十多个，按字母顺序排列如下：artifice，baroque，concomitant，demagogue，despotism，illiberal，meretricious，obsequious，recondite，specious，transform，unscrupulous。

日常会话中能听到这类词的频率确实小于它们在阅读中出现的频率。因此，我认为对这类词更好地描述不是“晦涩”而是“文学性词汇”。要想在SAT考试中取消测试那些通过广泛阅读积累的丰富词汇，似乎很难找到理由。我也不会尝试去找理由。相反，我会把这个问题分解成我思考的三个子问题来分析。

（1）SAT考试中有多少晦涩词汇？我怀疑，如果使用晦涩的真正定义，几乎找不到。但若以我修改过的“文学性词汇”来定义，则可能会出现一些，但随着考试机构承诺将考试内容转向更多“基础性”文件（如《独立宣言》、《联邦党人文集》），似乎不可避免地会出现某些即使并不晦涩难懂但仍偏文学性的词汇。在亚历山大·汉密尔顿的《联邦党人文集》第一篇的开篇，我找到了上述举例中相当数量的类似词汇（下面的方框中以黑体字标示）。

《联邦党人文集》
第一篇　概论——亚历山大·汉密尔顿

“An **over-scrupulous** jealousy of danger to the rights of the people, which is more commonly the fault of the head than of the heart, will be represented as mere pretense and **artifice**, the stale bait for popularity at the expense of the public good. It will be forgotten, on the one hand, that jealousy is the usual **concomitant** of love, and that the noble enthusiasm of liberty is apt to be infected with a spirit of narrow and **illiberal** distrust. On the other hand, it will be equally forgotten that the vigor of government is essential to the security of liberty; that, in the contemplation of a sound and well-informed judgment, their interest can never be separated; and that a dangerous ambition more often lurks behind the **specious** mask of zeal for the rights of the people than under the forbidden appearance of zeal for the firmness and efficiency of government. History will teach us that the former has been found a much more certain road to the introduction of **despotism** than the latter, and that of those men who have overturned the liberties of republics, the greatest number have begun their career by paying an **obsequious** court to the people; commencing **demagogues**, and ending tyrants. ”

（译文：对人民权利的威胁过于谨慎的防范——这通常是理智上的过错，而不是感情上的过错——却被说成是托词和诡计，是牺牲公益沽名钓誉的陈腐钓饵。一方面，人们会忘记，嫉妒通常伴随着爱情，自由的崇高热情容易受到狭隘的怀疑精神的影响。另一方面，人们同样会忘记，政府的力量是保障自由不可缺少的东西；要想正确而精明的判断，它们的利益是不可分的；危险的野心多半被热心于人民权利的漂亮外衣掩盖，很少用热心拥护政府坚定而有效的严峻面孔作掩护。历史会教导我们，前者比后者更必然地导致专制道路；在推翻共和国特权的那些人当中，大多数是以讨好人民开始发迹的，他们以蛊惑家开始，以专制者告终㊀。）

（2）以不常见词汇拓展语言丰富性一定是坏事吗？我发现汉密尔顿的“概论”条理清晰，论证有力。这与他的词汇量有无关联呢？詹姆斯·墨菲（James Murphy）2013 年 12 月在《大西洋月刊》上发表的一篇文章《SAT 考试单词案例》中十分有力地论证了他对语言丰富性观点的支持，我倾向于支持他的观点。

（3）不过，一些在其他地方很少出现的、毫无意义的晦涩词汇仍然会出现在 SAT 考试中（类似于 busker 之类的词，该词也是迄今为止第一次出现在我的文章中）。那这类词汇是如何出现在 SAT 考试中的呢？答案可能有很多，但我认为这些答案都万变不离其宗。让我们考虑 SAT 考试（或者其他语言测试）中语言部分的典型题目，比如语言推理或词语类比推理题。题目的难易程度取决于推理或类比的复杂程度。命题人设计出的题目不会突破他们自身知识能力的限制，这是考试结构中存在的不可否认的事实。由此，难题的分布更像是命题

㊀ 译者注：此处译文取自该书的中文版《联邦党人文集》，商务印书馆 1980 年出版，程逢如、在汉、舒逊译。

人的能力分布。但是，为了选拔出优秀的考生，考试规范要求有一定数量的难题。如果命题人的上级要求她设计十道难题，命题人该如何应对？一般而言，唯一的办法就是查阅、钻研同义词典并把不常用的词语放进题目中。这种方法导致的后果便是：几乎很少人能够认对这些词（这就是对 harder【更难】的释义）。

显而易见，这类词汇的存在与该题中的考点并没有直接关系（比如语言推理），这如同让考生用脚趾握笔来增加写字难度一样。因此，我赞同减少晦涩词汇的使用或许是个好主意。但是，语言类的难题又该如何设计呢？招纳更有才智的命题人可能是解决办法之一。但这类人不好找，即使找到了，他们的报酬也会较高。只要常春藤盟校的英语专业和文学专业的就业率保持低迷，那么美国大学理事会的举措应该暂时可行。然而，就业市场形势的好转导致这类人才越来越稀缺。因此，只要语言类难题的需求一直存在，恐怕一些晦涩词汇重回测试将不可避免。不过，一道题目的设计经由所有严格的检查和编选程序后，我认为不至于会有太多晦涩词汇出现。

写作部分可选做

为了更加透彻地讨论这个话题，我们需要回顾一下测试的作用。想想至少可以列出以下三点：

1. 测试是场比赛：分数更高者获胜（获得入学资格，获得工作机会等）。为了达成这一目的，测试需要具备的唯一品质就是公平。

2. 测试是测量工具：测试结果用于支撑后续的教学安排（确定课程安排，衡量教学活动的效果等）。为此，测试分数必须足够精确以满足教学规划和设计。

3. 测试是督促机制：你为何要学习？我要参加考试。或者，更具体地说，老师们为何布置写作任务？因为学生们在测试中需要进行写作。如果是因为这个目的，测试甚至不需要评分，当然这种做法本身也不具有可持续性。

理解了测试的这些作用，那为什么 2005 年的改革要增加写作部分作为 SAT 考试的主要内容之一？我也不明其详，我猜想原因应该多种多样，但主要的原因还是测试的督促作用[㊀]。为什么不是其他作用？主观性的存在让写作的评分很难达成统一意见。一个多世纪前就有研究发现，一篇文章由不同评分者进行打分的成绩变化，与同一位评分者对不同文章的评分变化不相上下。获悉这个令人震惊的发现之后，考官们得出结论，评分者需接受更好的训练。然而，大约 25 年前，加州写作测验的最新分析发现，评分者的方差分量与考生的方差分量相同。因此，即使写作评分培训有着上百年的丰富经验，也只是徒劳而已。

20 世纪 90 年代中期有一项研究，所使用的测试包含 3 个 30 分钟测试板块。其中 2 个板块为写作，另一板块为测试语言能力的多项选择。多项选择题的得分与写作得分的相关程度，要高于各个写作分数自身之间的相关程度。这表明，在预测考生未来的写作得分时，参考多项选择题的得分比直接参考写作得分更为准确。

因此，我的结论是：**写作部分的增加主要是起督促作用，这样能让教师们更重视在教学中加入并强化写作训练。**当然，写作部分也包括了多项选择题（在该部分 60 分钟区占 35 分钟），以提高分数的可靠性，使之达到可接受的水平。

写作部分的考试也受到了写作教师相当多的批评，他们的观点至少在我看来不无道理，即在测试中仅分配 25 分钟用于写作并不能真正衡量学生的写作能力。这从培训机构要求学生记忆预先准备好的模板就能初见端倪。这些模版具备一篇高分作文的关键要素（400 字长，3 句名人名言，7 个复杂的单词，以及在这篇文章的开篇恰当地融入一些复杂单词）。

㊀ 理查德·阿特金森（Richard Atkinson）的言论支撑了这一结论，他在增加写作部分时任职加州大学系的校长（他也被视为变革背后的主要推动者）。他非常明确地表示，他想以此作为激励——“招生考试的一个重要方面是向学生以及他们的老师和家长传达学习写作的重要性，以及至少掌握 8 至 10 年级数学的必要性……”和“在我看来，改变 SAT 的最重要原因是要向 K－12 学生、他们的老师和家长传达一个明确的信息，即学习写作和掌握扎实的数学背景至关重要。在 SAT 中所做的改革将很大程度上促进这一目标的实现”http：//www. rca. ucsd. edu/speeches/CollegeAdmissionsandtheSAT－APersonalPerspective1. pdf（访问时间：2015 年 8 月 24 日）。

这样一来，我们就可以发现，增加写作内容究竟带来了什么影响，使得美国大学理事会突然态度反转并决定取消写作部分。我怀疑，部分原因是美国大学理事会最初对一个小时的写作测试抱有一些不切实际的期望。因此，这是一项不现实的任务，其管理和评分的成本都很高，而且其评分既不可靠也没多大的价值。

让写作成为可选，并采用不同于SAT其他部分的评分等级进行评分，这也许是美国大学理事会优雅而又循序渐进地取消它的方式。只要看看为该部分持续发展和评分所投入的资源计划，我们就不难得出：美国大学理事会似乎已经猜到很少有大学会要求提交该部分成绩，也很少有学生会选做该写作部分。

结　语

自1926年以来，SAT考试一直以变化的各种形式存在着。它表现出来的特性并非一蹴而就，90多年积累的经验为考试发展中的许多决策提供了支撑。这其中的经验并非如石碑镌刻那样一成不变，而是不断地在发生着变化。然而，这些变化很小，且掺杂着改革者的愿望：如果改革有效，SAT就能得到改进；如果没效果也不至于对SAT造成严重的危害。

这一策略奉行的是质量控制专家的最佳建议，并为美国大学理事会带来了良好声誉。当前的变化也在这些限制之内。它们可能只有非常小的差异，但幸运的是，这种差异将是积极的。最有可能需要改进的地方是缩减写作考核。另外，有两个变化似乎主要浮于表面，而不太可能产生任何深远的影响。但是，为什么它们会被纳入进来？

回顾20世纪60年代末达特茅斯学院校长约翰·凯梅尼（John Kemeny）和耶鲁大学校长金曼·布鲁斯特（Kingman Brewster）之间的一次谈话，我们便能对这个问题略知一二。达特茅斯学院刚刚敲定了男女同校的计划，并成功地规避了那些反对任何改革的校友的怒火。耶鲁大学也将进行同样的改革，于是布鲁斯特问凯梅尼有什么建议，凯梅尼回答说："赶走斗牛犬"。（译者注：斗牛犬是耶鲁大学的吉祥物）

于是在达特茅斯学院改变招生计划的同时，他们把学校的吉祥物从达特茅斯印第安人换成了“大绿色”（学校的代表颜色）。校友们显然对吉祥物的变化非常生气，以至于几乎没有注意到这些入学的女学生。当他们察觉的时候，已经既成事实了（接着，他们又意识到现在还可以把女儿送到达特茅斯学院上学，这倒也挺不错）。

难道美国大学理事会宣布取消猜题罚分以及减少晦涩词汇的改革仅仅是他们用来转移注意力的“斗牛犬”，而他们打算用这招来转移人们对考试机构改革写作测试重要性的关注吗？从媒体对美国大学理事会声明的反应来看，这似乎是一个合理的说法。

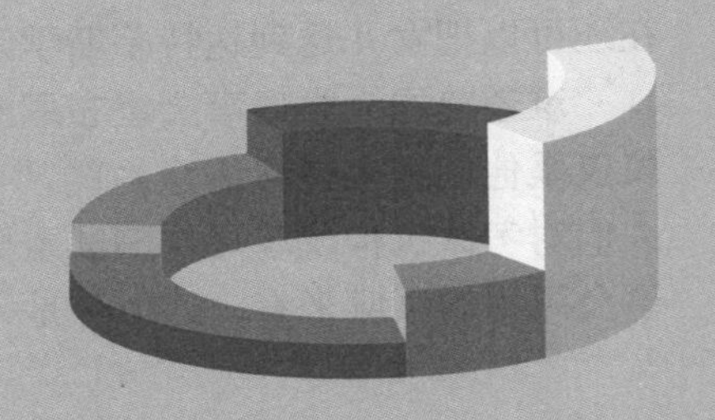

第17章

只因少了一颗钉子：为什么无价值的分项分数可能严重阻碍西方文明的进步？

第17章　只因少了一颗钉子：为什么无价值的分项分数可能严重阻碍西方文明的进步？

你妻子怎么样？
和什么相比？

——亨尼·杨曼[一]

无论评估学生在课程中的表现，筛选大学入学申请者，还是为各种职业候选人颁发执照，标准化的考试通常都是马拉松式的。用来评估课程知识的考试通常使用标准时间，入学考试通常是2～3个小时，而执照考试则可能需要几天时间。为什么耗时这么久[二]？我首先想到的答案是测试时长与其可靠性之间必然相关[三]。因此，要想知道一个测试应该持续多长时间，我们必须首先询问："考试的可靠性需要达到什么程度？"这让我们想起了亨尼·杨曼（Henny Youngman）的妙语——**与什么相比**？对此，答案可能很长，但让我们从简短的版本开始，谈谈"简短一些的测试。"

尽管测试的分数总是随着测试的时间延长而变得更可靠，但在其他条件不变的情况下，收益递减定律很快就出现了。因此，随着测试时间的延长，可靠性的边际收益很快就变小了。在图17.1中，我们展示了一项典型专业测试的可靠性为其测试时长的函数。结果表明，除非需要增加额外的可靠性，否则从30道题目的测试变为60道甚至90道，其边际收益的提升也不值得如此大动干戈。我们很快就会看到，如果情况真的如此，为什么测试总是尽可能越长越好呢？延长的考试时间会对我们有何利弊呢？

[一] 译者注：喜剧演员。

[二] 自践行"不让任何一个孩子落伍"的理念以来，过度测试的问题就成了新闻热点，因为人们认为过多的教学时间被用于测试。我在这里提出的论点当然适用于这些问题，但更笼统。我将论证，对于大多数目的而言，测试以及相应的测试时间可以大大减少，并且仍然可以达到这些目的。

[三] 可靠性是对分数稳定性的一种度量，从本质上说明如果该考生以后对同一科目进行另一项测试，而其他所有条件保持不变，那么分数会发生多少变化。在第5章中，我以解释的方式重新定义了可靠性，将之视为能够支持观点的证据数量，可靠性越高就意味着证据越多。此定义非常适合此处，即在其他条件相同的情况下，测试时间越长，越可靠。

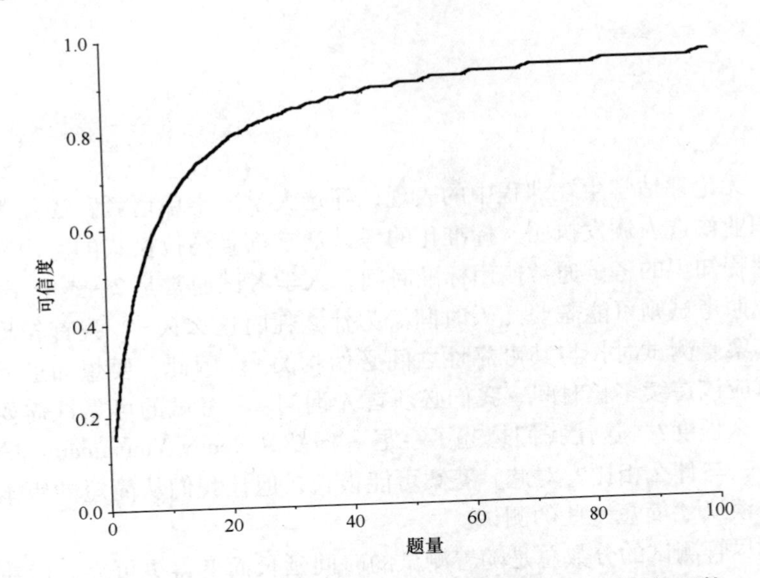

图 17.1 斯皮尔曼－布朗函数将考试信度表示为考试时长的函数，假设单项测试的考试信度为 0.15

用以澄清的案例——美国人口普查

10 年一次的美国人口普查可以用来解释我们前面的直觉反应。2010 年 1 月 1 日午夜，也就是最近一次人口普查，估算出美国境内有 308745538 人。误差范围为 ±31000 人。2010 年人口普查的预算为 130 亿美元，大约人均 42 美元。为了得到这一个数字值得花这么多钱吗？在回答这个问题之前，请注意，一位办公室雇员使用一台计算器，只要一两分钟，就可以基于上次的人口普查结果估算出现有的变化（精确度为 ±0.1%）[㊀]。

这里，我们不需要国会研究小组、管理和预算办公室来告诉我们答案“不值得”。如果所有的人口普查都只是能获得一个数字，那将

㊀ 这一惊人的估计来自于定期调查，这些调查告诉我们，美国人口的净增长率是每 13 秒增加一个人。因此，要想在任何时候准确估计总人口，只需要确定自上次估算之时起经过的时间（以秒为单位），将之除以 13 得出新增人口，再与上次调查数字相加即可。

是对纳税人资金的巨大浪费。然而，宪法规定的人口普查的目的远远不只是提供一个数字，它还必须提供各州分配国会代表的人口估算值，以及非常狭窄的分类估值（小区域估计，比如布鲁克林的布什维克区有多少家庭拥有双亲和三个以上子女?）。在统计学中，这些都被称为小区域估计，对于社会服务的分配和各种其他目的都至关重要。人口普查能提供这些重要的小区域估计，也是因为能够做到这一点，所以它值得花费如此大的代价。

回到测试

现在让我们回到测试。让我们用考生的时间来代替美元进行成本描述（美元当然是一个有价值的度量单位，但更适合用于其他场景）。用一个小时（或两小时或更多）考试时间来估计一个数字——仅仅一个分数，是否值得？从 60 题或 80 题的测试中获得的细微的准确性提高，相比 30 题的测试，真的值得让考生付出额外的时间吗？

图 17. 1 所示的斯皮尔曼 - 布朗曲线在接近其上限时的平缓的渐变斜率表明，我们的投资并没有得到多少回报。如果把每个考生多花的时间乘以经常参加此类考试的数百万考生，这一结论就显得更有说服力了。是什么原因让可靠性为 0. 89 的测试分数不达标，而可靠性为 0. 91 的测试分数却能符合要求？想要立刻给出答案，现在还很难想出任何方法，不过，我们可以稍后更详细地讨论这个话题。

也许增加题量的考试所收集的信息还可另作他用，这相当于人口普查小区域统计数据的作用。在测试中，这种估算值通常被称为分项分数，它是对测试对象各个方面真正进行小范围估计的结果。在高中数学考试中，这些分项分数可能代表代数、算术、几何和三角函数领域的成绩。在兽医执照考试中，这些分数可能会应用于肺系统、骨骼系统、泌尿系统等其他组织系统的成绩。甚至还有一种可能性，那就是交叉分类分数，在这种情况下，同一个题目被用于多个分项分数——也许一个关于狗，另一个用于猫，还有一些涉及牛、马、猪。这种交叉分类的分项分数类似于按族裔群体和地理位置进行估计的人口普查数据。

这些富有意义的分项分数将会为增加了题量的测试提供合理解

释，表明其不仅仅是为了准确估算总分。那么，什么是有意义的分项分数？它应具备两个特点：一是准确可靠；二是能包含测试总分所不能充分反映出来的信息。

分项分数至少应有以下两种用途：

（1）帮助考生评估自己的长短处，尤其是常用于帮助考生补短；

（2）帮助个人和院校（比如学院和教师）评估其教学效果，同时用于改进不足之处。

在第一种情况下，要想帮助考生避免徒劳无功地尝试弥补自身各种短处，分项分数就必须十分靠谱。另外，分项分数显然必须包含我们从总分中无法获取的信息。让我们指出一个有价值的分项分数所具有的两个特征：可靠性和正交性。分项分数和总分一样，受到可靠性规则的严格制约——分项分数的可靠性会随着分项分数所依据题量的减少而减少。所以，如果我们想得到可靠的分项分数，我们必须准备足够多的测试题目。这意味着整个测试时长需大于只为获得单一总分的必要时长。

对于第二种用途，即帮助机构进行教学评估，其测试的时长不必增加，因为该分项分数的可信度将根据该机构参加相关分项测试的人数来计算。如果参与人数足够多，那么该估计值就具有很高的可靠性。

因此，我们最常见的测试之所以耗时过长，其关键原因似乎是测试者需根据测试分项所计算出的分数向考生提供反馈。那么，测试开发者在提供这些分项分数方面是否成功？

可能并不十分成功，这样的分数通常基于很少的测试题量。因此，其结果不太可靠。这一结果促成了经验贝叶斯方法的发展，通过借用测试中其他题类已经证实的可靠性提升的优势[㊀]，来增强分项分数的可靠性。这种方法大幅提高了分项分数的可信度，但同时，其他测试题目的影响也降低了这些分项分数与其他测试题此的正交性。经验贝叶斯法有其优越性，但它也存在缺陷。我们所需要的是找到一种方法来强化分项分数测量，使之在增加的可信度和减少的正交性之间

㊀ 该方法由 Wainer，Sheehan 和 Wang 在 2000 年提出，之后又在 Thissen 和 Wainer 2001《测试评分》的第 9 章中进一步阐释。

能实现微妙的平衡。

除非这种测量方法真的产生，不然“测试开发者在能否提供有用的分项分数方面？”将仍是一个悬而未决的问题。

令人高兴的是，2008 年谢尔比·哈勃曼（Shelby Haberman）发表了著名的新统计数据，他将可靠性和正交性结合到了一起[一]，这一研究让人们显著提高了回答这个重要问题的可能性。桑迪普·辛格（Sandip Sinharay）[二]利用这个工具，从高到低搜索那些对总分有增值作用的分项分数，但结果为零。辛格的实证结果在其模拟实验中得到了验证，他所做的模拟实验与不同类型测试情境中常见的结构相匹配。理查德·范伯格（Richard Feinberg）[三]丰富和扩展了辛格的实证结果，再次证实了有意义的分项分数实属稀缺。**旨在为能力分类的测试中，“分项分数未增加总分的边际值”这一发现再次得到证实[四]。虽然现在就下结论，认为不存在真正有意义的分项分数还为时尚早，但是从更理智的角度来看，要想提升分项分数的价值，应该对测试进行大规模的重新设计。**

令人惊讶的是，至少在我看来，找寻对院校有价值的分项分数似乎也是无用之功[五]，因为目前大多数尝试采纳此类分数的院校每次只有不到 50 名考生。这些分数既不具备可靠性，也不具有正交性，不足以将其有效性提高到总分估算所设定的标准之上。

若非因为分项分数，还有其他理由进行超长测试吗？

这一问题给我们带来了什么思考？除非我们能找到一个理由，让不具可靠性和正交性的分项分数对考试总分产生边际价值，否则，我们继续这样让考生花费更多时间考试，就是在浪费资源（也许也不道德）。

正如我们在第 16 章所看到的那样，使用这样的测试，一个可能的目的就是将它作为一种督促手段，以激励学生全面学习课程，也让

[一] Haberman 2008。
[二] Sinharay 2010。
[三] Feinberg 2012。
[四] Sinharay 2014。
[五] Haberman，Sinharay 和 Puhan 2009。

教师倾心教授大纲内容。当然，如果考试时间变短，那么测试所能覆盖的课程内容就会减少。不过，这一点很容易通过其他方式规避解决。如果课程内容抽选得巧妙，教师和考生都无法提前知道考试内容，那么老师和学生必须把所有课程内容都纳入他们的学习范围。另一种方法是仿效国家教育进步评估（NAEP）组织的做法，采用巧妙的设计，将课程的所有部分都很好地涵盖，避免让单个考生碰巧复习考试的全部内容。这将使测试能在总体上评估考生对各部分的掌握情况，并且通过分数等值的统计变化后，对所有考生的分数按照统一的量度进行评估。我们应该记住自适应测试反复显示的结果。在自适应测试中，我们可以在不损耗督促功能的情况下减少一半的测试题量。当然，每种类型的题目都比较少，但是，考生仍然必须进行全面学习，因为在题量较少的考试中，每一个题目对最终分数的“影响”都更大。

因此，除非我们能够收集到证据，证明缩短考试时间能够让师生都在教学和学习行为上都产生根本的改变，否则，我们不认为督促作用能作为增加考试时间的理由。

另一个支持多题量测试的理由是，额外题量带来的小幅可靠性提升是具有实际意义的。当然，这种主张的合理性需要进行具体检验，但是，也许我们可以通过仔细研究类似于这一系列试验的模拟情境来获得启发。

让我们来看看一个有300道题、耗时8小时、可信度为0.95的典型资格证考试有什么特点。这些特点与其他专业性执照考试的特点有着明显的相似之处。我们可以假设是律师资格考试（也可以是医师、兽医、护士或注册会计师）。这些考试的目的是要做出及格和不及格判定，这里，我们假设及格标准为63%的正确率。

为让这个演示更富戏剧性，让我们看看，如果在题量上做了非常大的缩减，决策的准确性会发生什么变化。首先，删去75%的题目，并将测试题减少至75题。如图17.1所示，可靠性曲线的变化较缓，可靠性只降低至0.83。这一数值是否仍然很高，足以保障未来客户们的利益呢？可靠性的量度并不依靠我们的直觉，所以让我们转向一些更容易理解的话题——我们判断通过与否时，会做出多少错误的决定。

在最初的测试中，有 3.13% 的决定是错误的。其中，1.18% 属于假阳性（应该失败却通过了），1.95% 属于假阳性（应该通过却失败了）。缩短测试长度的结果如何呢？首先，总体错误率上升到 6.06%，几乎是较长测试结果的两倍。该总体错误率包括 2.26% 的假阳性和 3.80% 的假阴性。这里，不可避免的准确度降低是否引起足够重视，足以证明测试长度增加 3 倍是合理的？当然，这涉及价值判断，但在决定之前我们应认识到，维持准确性的成本是可以降低的。假阳性是这个测试中最重要的一项，因为它涉及被错误授予执业资格的不合格律师的比例。令人宽慰的是，我们可以通过简单提高合格分数来控制假阳性。如果我们将及格分数提高到 65 分，而不是 63 分，假阳性率就会下降到标准时长测试的 1.18%。当然，这样做会使假阴性率增加到 6.6%，但这只是一个轻微的错误，只要给差一点就合格的候选人设置额外的考试，就能轻易地改善或纠正这种错误。我们应牢记，在确定增加更多测试题目以降低未通过率错误的边际值时，于我们有利的总分收益递减定律（见图 17.1）同样适用。于是，我们可以看到与斯皮尔曼－布朗曲线类似的曲线，如图 17.2 所示。

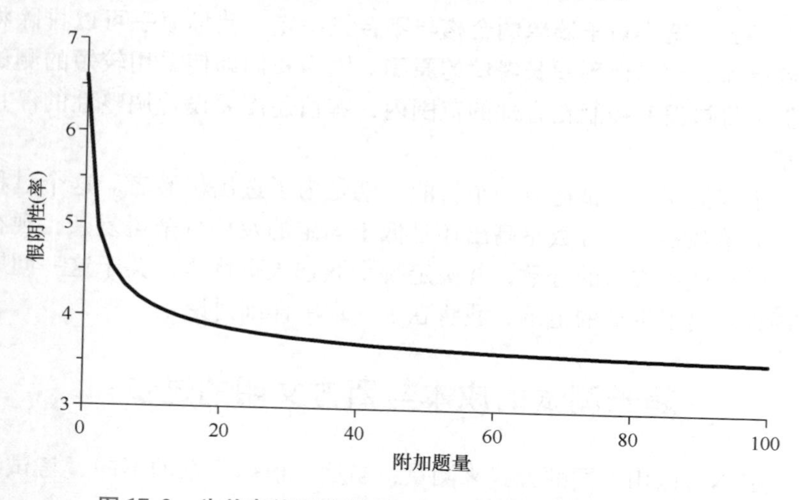

图 17.2　为差点就及格学生延长考试时间将减少假阴性率

图 17.2 中的函数显示，通过为那些分数稍低于及格线的考生（从 62% 的正确率到接近及格分数线 65% 正确率）增考 40 题，我们将最终得到的未通过率错误控制在可接受范围内，接近于测试 300 题所得到的未通过率错误。如果由计算机管理测试，则可以无缝对接完成此任务。因此，对大多数考生而言，他们的考试时间只相当于以前的四分之一，即使对于那些少数需要额外增加考题的考生，这些题目较以前也是大大减少了。

在表 17.1 中，我们展示了这些结果的分析，并用一个更为精简、只有 40 道题目的测试进行了对比。

表 17.1　及格数据汇总

考试时长	及格分（率）	信度	总错误率	假阳性率	假阴性率
300	63	0.95	3.13	1.18	1.95
75	63	0.83	6.06	2.26	3.80
75	65	0.83	7.78	1.18	6.60
40	63	0.72	8.23	2.59	5.64
40	66	0.72	11.62	1.14	10.48

因此，至少对于简单的合格与不合格决定，我们似乎可以排除将准确度作为我们使用超长考试的原因。因为我们即使采用较短的测试也仍可将错误率控制在合理的范围内，哪怕还需要设置调整性的停止规则。

事实证明，考试还有一个目的，就是为了选出优胜者。这个过程远比简单观察一个分数是高出还是低于固定的及格分来得复杂，现在我们必须观察成对的分数，并决定哪个候选人更优秀。关于这一问题的调查超出了本章的范围，我将在下一章中详细讨论。

超长测试的成本与西方文明的进步

成本可以用不同的方式来测量，当然，根据受众的不同（考试组织、分数使用者和考生），他们的累积状况也不同。

分数使用者的成本为零，因为他们在分数收集上没有投入任何时间和金钱。

考试组织的成本可能很高，因为单个操作项目的成本远远超过 2500 美元。再加上座位时间成本、管理考试成本、评分成本等，这就累积了一笔可观金额的费用。固定成本总是那些，即使新测试是原测试时长的四分之一，也并不意味着成本也是原来的四分之一，但它预示着可以节省费用。我们也很清楚，现有测试的速度问题可以通过缩短测试时间得可以轻松改善，但是肯定不及减少题量来得更为直接。

这使得我们将目光投向了考生。他们的成本分为两类：（1）支付给测试机构的实际成本，如果测试机构的成本大幅降低，那么他们的实际成本也可以随之降低；（2）时间的机会成本[⊖]。

如果当前测试需要 8 小时，将当前的测试缩短至 2 小时，则每位考生可以节省 6 个小时。每年有 10 万考生，节省下来的就是 60 万小时。应试者都是（或者不久之后可能成为）律师。对于他们，额外的 60 万小时律师时间意味着无限的可能。

60 万小时的无偿法律援助可以做多少工作？对于刚出任会计师、建筑师、工程师、医生或兽医的人来说，他们能做多少事？毫不夸张地说，他们完全可以用这 60 万小时推动我们文明的进步。

结　论

综上所述，我们有两种选择：

（1）将总分控制在可接受的准确度范围内，并尽量缩短测试时间，将节省的时间用于更有意义的事情。

（2）重新设计我们的测试，使得计算出来的分项分数能够具备我们所要求的属性。

亲爱的布鲁特斯，错误并不在于我们统计的方法，而是测试本身设计不够合理。

莎士比亚《凯撒大帝》（第一幕第二场）

⊖ 这些机会成本，如果对应学前班至 12 年级（K－12）学生，应该用失去的教学时间来衡量。

很明确的是，我们在所有大型考试中发现的分项分数的缺陷多是由于测试本身设计不合理[㊀]。因此，第二种方案，即重新设计测试是必需的，如同 400 多年前卡西乌斯（Cassius）对布鲁特斯（Brutus）指出的一样，如果一开始没有构建收集信息的能力，那么就无法从考试中获取信息。幸运的是，2003 年，鲍勃·米斯利维（Bob Mislevy）、琳达·斯坦伯格（Linda Steinberg）和拉塞尔·阿蒙德（Russell Almond）为解决这一问题提供了可行的蓝图，将之命名为“以证据为中心的设计”（ETS），并制定了相关的原则和程序。看起来，该方法很值得一试。同时，我们应该停止浪费资源，摒弃那些冗长却不能获得有效信息的测试。

最后，人口普查带来的经验也不能忘记：小区域估计虽然可靠可行，但耗费的成本可不小。

一项警示

如果考生群体过于单一，那么即使重新设计考试可能也无济于事。比如，对于健康检查，一般每个人都会同意测量身高和体重。虽然这两个变量是相关的，但每一个变量都包含着另一个变量所没有的重要信息。体重同为 220 磅的人，如果一人身高为 6 英尺 5 英寸，他与身高 5 英尺 6 英寸的人治疗方式肯定不同。另外，身高和体重这两个数据的取值精度也非常严格。因此，根据有价值的分项分数原则，这二项数据必须记录下来。但如果所有被检人员都来自海军陆战队，他们的身高和体重高度相关，那么你知晓其中一项，可能就不需要了解另外一项了。对于律师或医生这样经过严格选拔的职业群体来说，这种情况也可能是普遍存在的。因此，分项分数对于他们很可能就没那么有价值了。但更广泛的教育和评估仍蕴含着极大的可能去推动文明的进步。

㊀ Sinharay，Haberman 和 Wainer 2011。

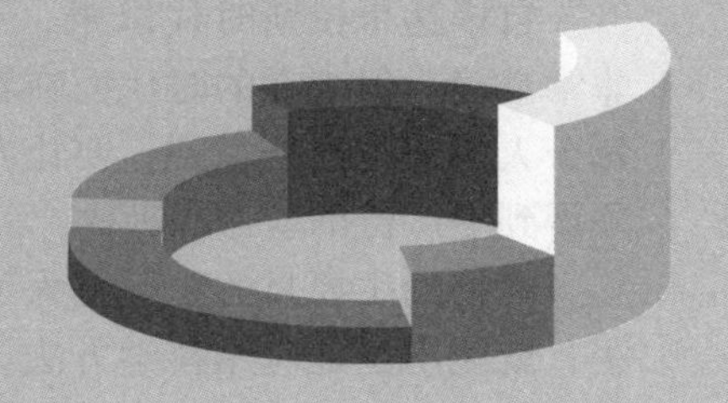

第 4 部分

结论：在家尝试

历史上，科学具有教派的许多特点：有自己的语言、对成员资格要求严格、严密掌握自己的秘密。科学就像一座高山，海拔远远高于普通人居住的高度。科学实践者常常用神秘的数学语言交流，分享着科学方法共同的禁欲主义。

自毕达哥拉斯时代以来，至少有2500年，人们对科学的描述都非常准确。但现在的时代面临着革命性的转变，改变必然到来，因为每个人都清楚地认识到，要让人类了解我们居住的世界，科学方法必须得到更广泛的应用。

本书的主要目的之一是为了说明，我们无须复杂数学或深奥的方法，就能广泛地应用科学方法。这就像我们学习骑自行车不需要知道如何计算在两个车轮上保持直立平衡的运动方程式一样。斯坦福大学的山姆·萨维奇（Sam Savage）给出了一个虽然不尽准确但却耐人寻味的解释，那就是对于有些情形而言，我们用臀部感知的座位比用智商推理的座位位置更准确。当然，这两种方法都有助于帮我们了解更多的情况。

目前我们所遇到的棘手问题无外乎都是依靠科学调查法的三个主要内容解决的，它们包括：

（1）精心收集的数据；

（2）清楚的思考；

（3）通过图形展示将上述两个步骤的结果可视化。

当然，通常情况下科学家们遇到的难题远远超出业余爱好者的能力范围，比如，我立刻就能想到不少难题：冠状动脉搭桥手术、核反应堆设计和埃博拉病毒的基因解码。除此之外，还有很多其他的难题，这并不奇怪。重要的是，究竟哪些范围的难题能给那些勤于思考的业余爱好者带来启发。

接下来我用三个实例为大家解释：

1. 为何市场机制未能有效控制医疗支出？

人们普遍认为，市场竞争机制未能在医疗行业起作用，原因是医疗过程中的医疗支出对患者来说并不透明。伽马·罗斯泰尔（Jaime Rosenthal）、鲁欣（Xin Lu）和彼得·克莱姆（Peter Cram）2013年的案例很好地说明了这一情况。他们尝试研究髋关节置换手术的费用究竟花在了何处，却并没有成功。他们的发现在《纽约时报》负责科学栏目的记者吉娜·科拉塔（Gina Koala）那里重新上演并扩大了影响。吉娜因女儿怀孕并尚未投保，联系了多家医院希望弄清接生服务需要多少费用。在她公开身份前，她的调查并不顺利，直到她将记者身份公开，才受到肯尼迪医院的董事长兼首席执行官马丁比伯（Martin A. Bieber）的接见，他告诉她正常的接生费用大约4900美元，新生儿护理费用约1400美元。此外，他还补充道，对于未参保的病人，不管收入如何，医院都会按照医疗保险费率的115%收取费用。她在报道中还说明，达特茅斯医疗中心是另一家为数不多愿意公开价格的医院之一，该院对正常的接生和新生儿护理收费约为11000美元。

诚然，有人可以辩称，诸如髋关节置换术或接生等类别的手术复杂又特殊，因此，费用很大程度上取决于具体的情况，不同情况的费用可能会截然不同。这些变化可能导致成本估算过于困难，无法准确预测。另外，我们并不知道医疗从业人员对外披露价格是否受到相关的行业限制。

这个问题最近在宾夕法尼亚州哈弗福德的一户人家的晚餐中也被讨论过。吉尔·伯恩斯坦（Gill Bernstein，14岁），受她父亲约瑟夫（一位骨科医生）的指导和建议，设计了一项能够探明当前情况的调查。伯恩斯坦小姐联系了20家费城当地医院，告知他们她需要做心电图，却没有购买医疗保险，并咨询这需要多少费用。按理说，心电图的原理很简单，因此它的费用理应相差无几。然而，二十家医院中十七家拒绝给出报价，其余三家分别报价137、600和1200美元（甚至超过了吉娜所查明的接生手术中的心电图费用）。紧接着（这正是伯恩斯坦小姐的机敏之处），她又打电话给医院说她要来做个心电图，咨询停车费是多少。二十家医院中有十九家提供了停车费用明细（其中10家有免费停车政策或停车费折扣，这似乎暗示着医院理解消费者对费用的关注）。最后，她将调查研究结果整理并发表[㊀]，还在国家公共广播电台上接受了专访。

㊀ Bernstein 和 Bernstein 2014。

2. 驾驶中的通话达到何种频率时会像酒驾一样对司机产生伤害？

2003 年，犹他州心理学家大卫·斯特雷耶（David Strayer）及其同事在一项研究中表明，“人们在驾驶时通话受到的损害，如同达到法定血液酒精浓度限制（0.08%）[一]醉驾时受到的损害一样。”该项结果来自一个模拟驾驶实验。实验对象在打电话或喝了酒后必须完成“开车”任务。

这一发现也引发了伯恩斯坦一家在晚餐上的讨论。这一次是吉尔16 岁的弟弟詹姆斯（James）有兴趣做进一步调查，他想知道司机们在开车时保持通话的频率以及手机准备就绪与以下其他变量之间是否存在任何关系，比如：

（1）系好安全带；

（2）驾驶员性别；

（3）车辆类型。

为了收集数据，他在当地的一个十字路口放置了一把椅子，坐下来观察并记录有多少司机会在等红灯的 30 秒内打电话或发送短信。他发现（在记录的数千辆汽车中）约有 20% 的司机有此动作，这一数量与驾驶员性别或车型无关，而与安全带的使用有关（两者间的关系与预期一致）。有较大比例的司机驶离路口后继续通话。于是，我们可以下结论在开车中保持手机激活状态跟喝酒“开瓶”一样，是一种危险的诱惑[二]。

3. 帝王蝶每年春天如何北上？

20 世纪 70 年代初，多伦多大学的弗雷德·厄克特（Fred Urquhart）和他的同事们使用一个小标签在地图上标记帝王蝶，进而追踪到它们冬季在墨西哥的栖息地[三]。在墨西哥纺织工程师肯尼思·布鲁格（Kenneth Brugger）的帮助下，他们找到了帝王蝶迁徙的目的地。目的地位于墨西哥城西部马德雷山脉的一处地方，那里有大量的乳草树，成千上万只橙色帝王蝶停歇在树上享受这里温暖的天气。直

[一] 这是美国大多数州界定非法酒驾的最低标准。

[二] Bernstein 和 Bernstein 2015.

[三] 感谢 Lee Wilkinson（2005）提供了本案例以及相关说明。

到来年春天又再次飞回北方。完成帝王蝶迁徙调查的最后一步是追踪所有向北迁徙的帝王蝶。但是，这一步超出了该研究小组掌控的现有的资源，这让他们束手无策。

迄今为止，对帝王蝶的研究仍是许多科学研究的典型代表，这些研究往往需要专家们使用各种先进的技术和高科技仪器。

但是，调查小组的资源有限，无法完成最后一步，因为要完成最后一步，就需要追踪所有离开墨西哥的蝴蝶，并追踪它们飞行的不同路径，例如，它们飞过的地方和到达的时间，这是一项远远超出了他们任务的可用资源。

然而，1977年一篇研究概述（见图C.1）却出现了，标出了帝王蝶向北迁徙的确切地点和时间。这是如何完成的？

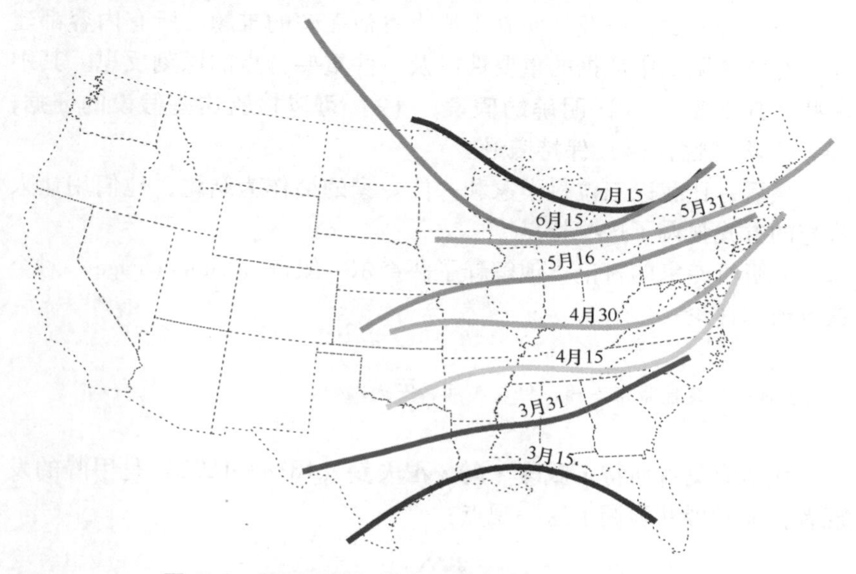

图C.1　墨西哥越冬后帝王蝶返回北部的迁徙模式

我一直依赖许多陌生人的善意。

——布兰奇·杜布瓦（Blanche Dubois）

如果考虑本部分的主题，不出意料，在这一主题下，最后挽救了该项目的是成千上万名儿童、老师和其他参与观察者。他们在安纳伯格（Annenberg/CPB）在线学习项目的指导下，对北部迁徙调查项目组进行汇报。图表中的每个数据点都是观察者在1977年前6个月内首次观察到成年帝王蝶的位置和日期。

结　语

这三个例子说明了科学的研究方法如何从象牙塔中衍生发展而来，任何足够坚毅和机智的人都可以使用它，以增强个人对世界的理解，而且，如果观察结果足够重要的话，那么也会变成普遍认知。

我要讲的故事到此结束。每章都希望能传递出一小点现代数据科学家的思维方式，以及如何着手解决看似无解的难题。所有内容都建立在对科学调查中证据的重要性以及一些重要特点的深刻反思。其中一些尤其重要：**（1）明确的假设；（2）可以检验这些假设的证据；（3）可再现性；（4）保持谦逊。**

最后，让我以三位科学家和一位专家的话作为结尾，他们用让人难忘的方式强调了这些特点。

先听听专家的言论，他解释了萨奇尔·佩奇（Satchel Page）对金钱价值的评论：

> 证据不一定能带来幸福，但确实可以安抚人心。

化学家奥古斯特·威廉·冯·霍夫曼（1818—1892）是甲醛的发现者，他发展并强调了这一观点：

> 我会听取任何假设，但唯一的条件是，您要向我展示可以对其进行检验的方法。

100年后，期刊编辑谢尔（G. H. Scherr，1983）明确提出了科学结论的一个关键性因素，即可重复性：

我们知道当今最伟大的成就是科学由巫术、宗教仪式和烹饪演化而来。当女巫、牧师和厨师们不断提升自己能力的时候，科学家们想出了一种方法来确定其研究结果的有效性，那就是他们学会了询问——调查结果可重现吗？

最后，保持谦逊和控制傲慢至关重要，这有助于我们能从数据中做出正确推断。敬爱的普林斯顿化学家休伯特 · N. 阿丽亚（Hubert N. Alyea）曾说过：

我不说它是，而说它似乎是；
因为我现在的感觉就是“似乎是”。

阿丽亚教授之言似乎是我表达自己感情的一种非常恰当的方式，我将以此作为本书的结束语。

参考文献

American Educational Research Association, the American Psychological Association, and the National Council on Measurement in Education (1999). *Standards for Educational and Psychological Testing.* Washington, DC: American Psychological Association.

Amoros, J. (2014). Recapturing Laplace. *Significance* 11(3): 38–39.

Andrews, D. F. (1972). Plots of high-dimensional data. *Biometrics* 28: 125–136.

Angoff, C., and Mencken, H. L. (1931). The worst American state. *American Mercury* 31: 1–16, 175–188, 355–371.

Arbuthnot, J. (1710). An argument for divine providence taken from the constant regularity in the births of both sexes. *Philosophical Transactions of the Royal Society* 27: 186–190.

Austen, J. (1817). *North to the Hanger, Abbey.* London: John Murray, Albermarle Street.

Balf, T. (March 9, 2014). The SAT is hated by – all of the above. *New York Times Sunday Magazine*, 26–31, 48–49.

Beardsley, N. (February 23, 2005). The Kalenjins: A look at why they are so good at long-distance running. *Human Adaptability.*

Berg, W. A., et al. (2008). Combined screening with ultrasound and mammography vs. mammography alone in women at elevated risk of breast cancer. *Journal of the American Medical Association* 299(18): 2151–2163.

Bernstein, J. R. H., and Bernstein, J. (2014). Availability of consumer prices from Philadelphia area hospitals for common services: Electrocardiograms vs. parking. *JAMA Internal Medicine* 174(2): 292–293. http://archinte.jamanetwork.com/ (accessed December 2, 2014).

Bernstein, J. J., and Bernstein, J. (2015). Texting at the light and other forms of device distraction behind the wheel. *BMC Public Health*, 15: 968. DOI 10.1186/s12889-015-2343-8 (accessed September 29, 2015).

Berry, S. (2002). One modern man or 15 Tarzans? *Chance* 15(2): 49–53.

Bertin, J. (1973). *Semiologie Graphique.* The Hague: Mouton-Gautier. 2nd ed. (English translation done by William Berg and Howard Wainer and published as *Semiology of Graphics*, Madison: University of Wisconsin Press, 1983.)

Bock, R. D. (June 17, 1991). *The California Assessment. A talk given at the Educational Testing Service*, Princeton, NJ.

Bridgeman, B., Cline, F., and Hessinger, J. (2004). Effect of extra time on verbal and quantitative GRE scores. *Applied Measurement in Education* 17: 25–37.

Bridgeman, B., Trapani, C., and Curley, E. (2004). Impact of fewer questions per section on SAT I scores. *Journal of Educational Measurement* 41: 291–310.

Briggs, D. C. (2001). The effect of admissions test preparation: Evidence from NELS:88. *Chance* 14(1): 10–18.

Bynum, B. H., Hoffman, R. G., and Swain, M. S. (2013). A statistical investigation of the effects of computer disruptions on student and school scores. Final report prepared for Minnesota Department of Education, Human Resources Research Organization.

Chernoff, H. (1973). The use of faces to represent points in k-dimensional space graphically. *Journal of the American Statistical Association* 68: 361–368.

Cizek, G. J., and Bunch, M. B. (2007). *Standard Setting: A Guide to Establishing and Evaluating Performance Standards on Tests*. Thousand Oaks, CA: Sage.

Clauser, B. E., Mee, J., Baldwin, S. G., Margolis, M. J., and Dillon, G. F. (2009). Judges' use of examinee performance data in an Angoff standard-setting exercise for a medical licensing examination: An experimental study. *Journal of Educational Measurement* 46(4): 390–407.

Cleveland, W. S. (2001). Data science: An action plan for expanding the technical areas of the field of statistics. *International Statistical Review* 69: 21–26.

Cobb, L. A., Thomas, G. I., Dillard, D. H., Merendino, K. A., and Bruce, R. A. (1959). An evaluation of internal-mammary-artery ligation by a double-blind technic. *New England Journal of Medicine* 260(22): 1115–1118.

Cook, R., and Wainer, H. (2016). Joseph Fletcher, thematic maps, slavery and the worst places to live in the UK and the US. In C. Kostelnick and M. Kimball (Eds.), *Visible Numbers, the History of Statistical Graphics*. Farnham, UK: Ashgate Publishing (forthcoming).

(2012). A century and a half of moral statistics in the United Kingdom: Variations on Joseph Fletcher's thematic maps. *Significance* 9(3): 31–36.

Davis, M. R., (2013, May 7). Online testing suffers setbacks in multiple states. *Education Week*. Retrieved on 30 August, 2013 from http://www.edweek.org/ew/articles/2013/05/03/30testing.h32.html.

DerSimonian, R., and Laird, N. (1983). Evaluating the effect of coaching on SAT scores: A meta-analysis. *Harvard Education Review* 53: 1–15.

Dorling, D. (2005). *Human Geography of the UK*. London: Sage Publications.

Dorling, D., and Thomas, B. (2011). *Bankrupt Britain: An Atlas of Social Change*. Bristol, UK: Policy Press.

Educational Testing Service (1993). *Test Security: Assuring Fairness for All*. Princeton, NJ: Educational Testing Service.

Feinberg, R. A. (2012). A simulation study of the situations in which reporting subscores can add value to licensure examinations. PhD diss., University of Delaware. Accessed October 31, 2012, from ProQuest Digital Dissertations database (Publication No. 3526412).

Fernandez, M. (October 13, 2012). El Paso Schools confront scandal of students who "disappeared" at test time. *New York Times.*

Fisher, R. A. (1925). *Statistical Methods for Research Workers. Edinburgh:* Oliver and Boyd.

Fletcher, J. (1849a). Moral and educational statistics of England and Wales. *Journal of the Statistical Society of London* 12: 151–176, 189–335.

(1849b). *Summary of the Moral Statistics of England and Wales.* Privately printed and distributed.

(1847). Moral and educational statistics of England and Wales. *Journal of the Statistical Society of London* 10: 193–221.

Fox, P., and Hender, J. (2014). The science of data science. *Big Data* 2(2): 68–70.

Freedle, R. O. (2003). Correcting the SAT's ethnic and social-class bias: A method for reestimating SAT scores. *Harvard Educational Review* 73(1): 1–43.

Friendly, M., and Denis, D. (2005). The early origins and development of the scatterplot. *Journal of the History of the Behavioral Sciences* 41(2): 103–130.

Friendly, M., and Wainer, H. (2004). Nobody's perfect. *Chance* 17(2): 48–51.

Galchen, R. (April 13, 2015). Letter from Oklahoma, Weather Underground: The arrival of man-made earthquakes. *The New Yorker,* 34–40.

Gelman, A. (2008). *Red State, Blue State, Rich State, Poor State: Why Americans Vote the Way They Do.* Princeton, NJ: Princeton University Press.

Gilman, R., and Huebner, E. S. (2006). Characteristics of adolescents who report very high life satisfaction. *Journal of Youth and Adolescence* 35(3): 311–319.

Graunt, J. (1662). *Natural and Political Observations on the Bills of Mortality.* London: John Martyn and James Allestry.

Haberman, S. (2008). When can subscores have value? *Journal of Educational and Behavioral Statistics* 33(2): 204–229.

Haberman, S. J., Sinharay, S., and Puhan, G. (2009). Reporting subscores for institutions. *British Journal of Mathematical and Statistical Psychology* 62: 79–95.

Halley, E. (1686). An historical account of the trade winds, and monsoons, observable in the seas between and near the tropicks; with an attempt to assign the physical cause of said winds. *Philosophical Transactions* 183:153–168.The issue was published in 1688.

Hand, E. (July 4, 2014). Injection wells blamed in Oklahoma earthquakes. *Science* 345(6192): 13–14.

Harness, H. D. (1837). *Atlas to Accompany the Second Report of the Railway*

Commissioners, Ireland. Dublin: Irish Railway Commission.

Hartigan, J. A. (1975). *Clustering Algorithms*. New York: Wiley.

Haynes, R. (1961). *The Hidden Springs: An Enquiry into Extra-Sensory Perception*. London: Hollis and Carter. Rev. ed. Boston: Little, Brown, 1973.

Hill, R. (2013). An analysis of the impact of interruptions on the 2013 administration of the Indiana Statewide Testing for Educational Progress – Plus (ISTEP+). http://www.nciea.org/publication_pdfsRH072713.pdf.

Hobbes, T. (1651). *Leviathan, or the matter, forme, and power of a commonwealth, ecclesiasticall and civill*. Republished in 2010, ed. Ian Shapiro (New Haven, CT: Yale University Press).

Holland, P. W. (October 26, 1980). *Personal communication*. Princeton, NJ.

(1986). Statistics and causal inference. *Journal of the American Statistical Association* 81: 945–970.

(October 26, 1993). *Personal communication*. Princeton, NJ.

Hopkins, Eric. (1989). *Birmingham: The First Manufacturing Town in the World, 1760–1840*. London: Weidenfeld and Nicolson. http://www.theatlantic.com/education/archive/2013/12/the-case-for-sat-words/282253/ (accessed August 27, 2015).

Hume, D. (1740). A Treatise on Human Nature.

Huygens, C. (1669). In Huygens, C. (1895). *Oeuvres complétes, Tome Sixiéme Correspondance (pp.* 515–518, 526–539). The Hague, The Netherlands: Martinus Nijhoff.

Kahneman, D. (2012). *Thinking Fast, Thinking Slow*. New York: Farrar, Straus and Giroux.

Kalager, M., Zelen, M., Langmark, F., and Adami, H. (2010). Effect of screening mammography on breast-cancer mortality in Norway. *New England Journal of Medicine* 363: 1203–1210.

Kant, I. (1960). *Religion within the Limits of Reason Alone* (pp. 83–84*)*. 2nd ed., trans. T. M. Green and H. H. Hudon. New York: Harper Torchbook.

Keranen, K. M., Savage, H. M., Abers, G. A., and Cochran, E. S. (June 2013). Potentially induced earthquakes in Oklahoma, USA: Links between wastewater injection and the 2011 M_w 5.7 earthquake sequence. *Geology* 41: 699–702.

Keranen, K. M., Weingarten, M., Abers, G. A., Bekins, B. A., and Ge, S. (July 25, 2014). Sharp increase in central Oklahoma seismicity since 2008 induced by massive wastewater injection. *Science* 345(6195): 448–451. Published online July 3, 2014.

Kitahara, C. M., et al. (July 8, 2014). Association between class III obesity (BMI of 40–59 kg/m) and mortality: A pooled analysis of 20 prospective studies. *PLOS Medicine*. doi: 10.1371/journal.pmed.1001673.

Kolata, G. (July 8, 2013). What does birth cost? Hard to tell. *New York Times*.

Laplace, P. S. (1786). Sur les naissances, les mariages et les morts, á Paris, depuis1771 jusqui'en 1784 et dans tout l'entendue de la France, pendant les années 1781 et 1782. *Mémoires de l'Académie Royale des Sciences de Paris 1783*.

Little, R. J. A., and Rubin, D. B. (1987). *Statistical Analysis with Missing Data*. New York: Wiley.

Ludwig, D. S., and Friedman, M. I. (2014). Increasing adiposity: Consequence or cause of overeating? *Journal of the American Medical Association*. Published online: May 16, 2014. doi:10.1001/jama.2014.4133.

Luhrmann, T. M. (July 27, 2014). Where reason ends and faith begins. *New York Times*, News of the Week in Review, p. 9.

Macdonell, A. A. (January 1898). The origin and early history of chess. *Journal of the Royal Asiatic Society* 30(1): 117–141.

Mee, J., Clauser, B., and Harik, P. (April 2003). An examination of the impact of computer interruptions on the scores from computer administered examinations. Round table discussion presented at the annual meeting of the National Council of Educational Measurement, Chicago.

Meier, P. (1977). The biggest health experiment ever: The 1954 field trial of the Salk Poliomyelitis vaccine. In *Statistics: A Guide to the Study of the Biological and Health Sciences (pp*. 88–100). New York: Holden-Day.

Messick, S., and Jungeblut, A. (1981). Time and method in coaching for the SAT. *Psychological Bulletin* 89: 191–216.

Mislevy, R. J., Steinberg, L. S., and Almond, R. G. (2003). On the structure of educational assessments. *Measurement: Interdisciplinary Research and Perspectives* 1(1): 3–67.

Moore, A. (2010, August 27). Wyoming Department of Education Memorandum Number 2010–151: *Report on Effects of 2010 PAWS Administration Irregularities on Students Scores*. Retrieved on 30 August, 2013 from http://edu.wyoming.gov/PublicRelationsArchive/supt_memos/2010/2010_151.pdf.

Mosteller, F. (1995). The Tennessee study of class size in the early school grades. *The Future of Children* 5(2): 113–127.

Murphy, J. S. (December 11, 2013). The case for SAT Words. *The Atlantic*.

National Institutes of Health. (2014). Estimates of Funding for Various Research, Condition, and Disease Categories. http://report.nih.gov/categorical_spending.aspx (accessed September 29, 2014).

Neyman, J. (1923). On the application of probability theory to agricultural experiments. Translation of excerpts by D. Dabrowska and T. Speed. *Statistical Science* 5 (1990): 462–472.

Nightingale, F. (1858). *Notes on Matters Affecting the Health, Efficiency and Hospital*

Administration of the British Army. London: Harrison and Sons.

Pacioli, Luca (1494). *Summa de Arithmetica*. Venice, folio 181, p. 44.

Pfeffermann, D., and Tiller, R. (2006). Small-area estimation with state-space models subject to benchmark constraints. *Journal of the American Statistical Association* 101: 1387–1397.

Playfair, W. (1821). *A Letter on Our Agricultural Distresses, Their Causes and Remedies*. London: W. Sams.

(1801/2005). *The Statistical Breviary; Shewing on a Principle Entirely New, the Resources of Every State and Kingdom in Europe; Illustrated with Stained Copper-Plate Charts, Representing the Physical Powers of Each Distinct Nation with Ease and Perspicuity*. Edited and introduced by Howard Wainer and Ian Spence. New York: Cambridge University Press.

(1786/1801). *The Commercial and Political Atlas, Representing, by Means of Stained Copper-Plate Charts, the Progress of the Commerce, Revenues, Expenditure, and Debts of England, during the Whole of the Eighteenth Century*. Facsimile reprint edited and annotated by Howard Wainer and Ian Spence. New York: Cambridge University Press, 2006.

Quinn, P. D., and Duckworth, A. L. (May 2007). Happiness and academic achievement: Evidence for reciprocal causality. Poster session presented at the meeting of the Association for Psychological Science, Washington, DC.

Reckase, M. D. (2006). Rejoinder: Evaluating standard setting methods using error models proposed by Schulz. *Educational Measurement: Issues and Practice* 25(3): 14–17.

Robbins, A. (2006). *The Overachievers: The Secret Lives of Driven Kids*. New York: Hyperion.

Robinson, A. H. (1982). *Early Thematic Mapping in the History of Cartography*. Chicago: University of Chicago Press.

Rosen, G. (February 18, 2007). Narrowing the religion gap. *New York Times Sunday Magazine*, p. 11.

Rosenbaum, P. (2009). *Design of Observational Studies*. New York: Springer.

(2002). *Observational Studies*. New York: Springer.

Rosenthal, J. A., Lu, X., and Cram, P. (2013). Availability of consumer prices from US hospitals. *JAMA Internal Medicine* 173(6): 427–432.

Rubin, D. B. (2006). Causal inference through potential outcomes and principal stratification: Application to studies with "censoring" due to death. *Statistical Science* 21(3): 299–309.

(2005). Causal inference using potential outcomes: Design, modeling, decisions. 2004 Fisher Lecture. *Journal of the American Statistical Association* 100:322–331.

(1978). Bayesian inference for causal effects: The role of randomization. *The Annals of Statistics* 7: 34–58.

(1975). Bayesian inference for causality: The importance of randomization. In Social Statistics Section, *Proceedings of the American Statistical Association*: 233–239.

(1974). Estimating causal effects of treatments in randomized and non-randomized studies. *Journal of Educational Psychology* 66: 688–701.

Scherr, G. H. (1983). Irreproducible science: Editor's introduction. In *The Best of the Journal of Irreproducible Results*. New York: Workman Publishing.

Sinharay, S. (2014). Analysis of added value of subscores with respect to classification. *Journal of Educational Measurement* 51(2): 212–222.

(2010). How often do subscores have added value? Results from operational and simulated data. *Journal of Educational Measurement* 47(2): 150–174.

Sinharay, S., Haberman, S. J., and Wainer, H. (2011). Do adjusted subscores lack validity? Don't blame the messenger. *Educational and Psychological Measurement* 7(5): 789–797.

Sinharay, S., Wan, P., Whitaker, M., Kim, D-I., Zhang, L., and Choi, S. (2014). Study of the overall impact of interruptions during online testing on the test scores. Unpublished manuscript.

Slavin, Steve (1989). *All the Math You'll Ever Need* (pp.153–154). New York: John Wiley and Sons.

Solochek, J. (2011, May 17). Problems, problems everywhere with Pearson's testing system. *Tampa Bay Times*. Retrieved on 30 August, 2013 from http://www.tampabay.com/blogs/gradebook/content/problems-problems-everywhere-pearsons-testing-system/2067044.

Strayer, D. L., Drews, F. A., and Crouch, D. J. (2003). Fatal distraction? A comparison of the cell-phone driver and the drunk driver. In D. V. McGehee, J. D. Lee, and M. Rizzo (Eds.), *Driving Assessment 2003: International Symposium on Human Factors in Driver Assessment, Training, and Vehicle Design* (pp. 25–30). Public Policy Center, University of Iowa.

Thacker, A. (2013). Oklahoma interruption investigation. Presented to the Oklahoma State Board of Education.

Thissen, D., and Wainer, H. (2001). *Test Scoring*. Hillsdale, NJ: Lawrence Erlbaum Associates.

Tufte, E. R. (2006). *Beautiful Evidence*. Cheshire, CT: Graphics Press.

(November 15, 2000). Lecture on information display given as part of the Yale Graduate School's Tercentennial lecture series "In the Company of Scholars" at

Levinson Auditorium of the Yale University Law School.
(1996). *Visual Explanations*. Cheshire, CT: Graphics Press.
(1990). *Envisioning Information*. Cheshire, CT: Graphics Press.
(1983/2000). *The Visual Display of Quantitative Information*. Cheshire, CT: Graphics Press.
Twain, M. (1883). *Life on the Mississippi*. Montreal: Dawson Brothers.
Verkuyten, M., and Thijs, J. (2002). School satisfaction of elementary school children: The role of performance, peer relations, ethnicity, and gender. *Social Indicators Research* 59(2): 203–228.
Wainer, H. (2012). Moral statistics and the thematic maps of Joseph Fletcher. *Chance* 25(1): 43–47.
(2011a). *Uneducated Guesses Using Evidence to Uncover Misguided Education Policies*. Princeton, NJ: Princeton University Press.
(2011b). Value-added models to evaluate teachers: A cry for help. *Chance* 24(1): 11–13.
(2009). *Picturing the Uncertain World: How to Understand, Communicate and Control Uncertainty through Graphical Display*. Princeton, NJ: Princeton University Press.
(2007). Galton's normal is too platykurtic. *Chance* 20(2): 57–58.
(2005). *Graphic Discovery: A Trout in the Milk and Other Visual Adventures*. Princeton, NJ: Princeton University Press.
(2002). Clear thinking made visible: Redesigning score reports for students. *Chance* 15(1): 56–58.
(2000a). Testing the disabled: Using statistics to navigate between the Scylla of standards and the Charybdis of court decisions. *Chance* 13(2): 42–44.
(2000b). *Visual Revelations: Graphical Tales of Fate and Deception from Napoleon Bonaparte to Ross Perot*. 2nd ed. Hillsdale, NJ: Lawrence Erlbaum Associates.
(1984). How to display data badly. *The American Statistician* 38: 137–147.
(1983). Multivariate displays. In M. H. Rizvi, J. Rustagi, and D. Siegmund (Eds.), *Recent Advances in Statistics* (pp. 469–508). New York: Academic Press.
Wainer, H., and Rubin, D. B. (2015). Causal inference and death. *Chance* 28(2): 54–62.
Wainer, H., Lukele, R., and Thissen, D. (1994). On the relative value of multiple-choice, constructed response, and examinee-selected items on two achievement tests. *Journal of Educational Measurement* 31: 234–250.
Wainer, H., Sheehan, K., and Wang, X. (2000). Some paths toward making Praxis scores more useful. *Journal of Educational Measurement* 37: 113–140.
Wainer, H., Bridgeman, B., Najarian, M., and Trapani, C. (2004). How much does

extra time on the SAT help? *Chance* 17(2): 19–24.

Walker, C. O., Winn, T. D., and Lutjens, R. M. (2008). Examining relationships between academic and social achievement goals and routes to happiness. *Education Research International* (2012), Article ID 643438, 7 pages. http://dx.doi.org/10.1155/2012/643438 (accessed August 27, 2015).

Waterman, A. S. (1993). Two conceptions of happiness: Contrasts of personal expressiveness (eudaimonia) and hedonic enjoyment. *Journal of Personality and Social Psychology* 64(4): 678–691.

Wilkinson, L. (2005). *The Grammar of Graphics*. 2nd ed. New York: Springer-Verlag.

Winchester, S. (2009). *The Map That Changed the World*. New York: Harper Perennial.

Wyld, James (1815) in Jarcho, S. (1973). Some early demographic maps. *Bulletin of the New York Academy of Medicine* 49: 837–844.

Yowell, T., and Devine, J. (May 2014). Evaluating current and alternative methods to produce 2010 county population estimates. U.S. Census Bureau Working Paper No. 100.

Zahra S., Khak, A. A., and Alam, S. (2013). Correlation between the five-factor model of personality-happiness and the academic achievement of physical education students. *European Journal of Experimental Biology* 3(6): 422–426.

Zieky, M. J., Perie, M., and Livingston, S. (2008). Cutscores: A manual for setting standards of performance on educational and occupational tests. http://www.amazon.com/Cutscores-Standards-Performance-Educational-Occupational/dp/1438250304/ (accessed August 27, 2015).

图书在版编目（CIP）数据

事实与似实：数据科学家教你辨虚实 /（美）霍华德·维纳（Howard Wainer）著；冯曼，胡子杨译. 北京：机械工业出版社，2025. 1. -- ISBN 978－7－111－77588－1

Ⅰ. TP274

中国国家版本馆 CIP 数据核字第 20258TU429 号

机械工业出版社（北京市百万庄大街 22 号 邮政编码 100037）
策划编辑：汤 嘉 责任编辑：汤 嘉 张金奎
责任校对：龚思文 李小宝 封面设计：陈 沛
责任印制：常天培
北京铭成印刷有限公司印刷
2025 年 3 月第 1 版第 1 次印刷
148mm×210mm · 6. 625 印张 · 187 千字
标准书号：ISBN 978-7-111-77588-1
定价：45. 00 元

电话服务
客服电话：010-88361066
010-88379833
010-68326294

网络服务
机 工 官 网：www. cmpbook. com
机 工 官 博：weibo. com/cmp1952
金 书 网：www. golden-book. com
机工教育服务网：www. cmpedu. com